2023年度
中国林业和草原发展报告

2023 China Forestry and Grassland Development Report

国 家 林 业 和 草 原 局

中国林業出版社

《2023年度中国林业和草原发展报告》

我国人工造林规模世界第一，而且还在继续造林。地球绿化，改善全球气候变化，中国功不可没，中国人民功不可没。森林既是水库、钱库、粮库，也是碳库。植树造林是一件很有意义的事情，是一项功在当代、利在千秋的崇高事业，要一以贯之、持续做下去。

当前和今后一个时期，绿色发展是我国发展的重大战略。开展全民义务植树是推进国土绿化、建设美丽中国的生动实践。各地区各部门都要结合实际，组织开展义务植树。要创新组织方式、丰富尽责形式，为广大公众参与义务植树提供更多便利，实现“全年尽责、多样尽责、方便尽责”。让我们积极行动起来，从种树开始，种出属于大家的绿水青山和金山银山，绘出美丽中国的更新画卷。

——2023 年 4 月 4 日，习近平总书记在北京市朝阳区东坝中心公园参加首都义务植树活动时的讲话

这片红树林是“国宝”，要像爱护眼睛一样守护好。加强海洋生态文明建设，是生态文明建设的重要组成部分。要坚持绿色发展，一代接着一代干，久久为功，建设美丽中国，为保护好地球村作出中国贡献。

——2023 年 4 月 10 日，习近平总书记在广东湛江市麻章区湖光镇金牛岛红树林片区考察时的讲话

人类要更好地生存和发展，就一定要防沙治沙。这是一个滚石上山的过程，稍有放松就会出现反复。像“三北”防护林体系建设这样的重大生态工程，只有在中国共产党领导下才能干成。三北地区生态非常脆弱，防沙治沙是一个长期的历史任务，我们必须持续抓好这项工作，对得起我们的祖先和后代。林场的工作很辛苦，也很有成效，要继续做好。

——2023年6月6日，习近平总书记在内蒙古巴彦淖尔市临河区国营新华林场调研时强调

党中央高度重视荒漠化防治工作，把防沙治沙作为荒漠化防治的主要任务，相继实施了“三北”防护林体系工程建设、退耕还林还草、京津风沙源治理等一批重点生态工程。经过40多年不懈努力，我国防沙治沙工作取得举世瞩目的巨大成就，重点治理区实现从“沙进人退”到“绿进沙退”的历史性转变，保护生态与改善民生步入良性循环，荒漠化区域经济社会发展和生态面貌发生了翻天覆地的变化。荒漠化和土地沙化实现“双缩减”，风沙危害和水土流失得到有效抑制，防沙治沙法律法规体系日益健全，绿色惠民成效显著，铸就了“三北精神”，树立了生态治理的国际典范。实践证明，党中央关于防沙治沙特别是“三北”等工程建设的决策是非常正确、极富远见的，我国走出了一条符合自然规律、符合国情地情的中国特色防沙治沙道路。

荒漠化是影响人类生存和发展的全球性重大生态问题。我国是世界上荒漠化最严重的国家之一，荒漠化土地主要分布在三北地区，而且荒漠化地区与经济欠发达区、少数民族聚居区等高度耦合。荒漠化、风沙危害和水土流失导致的生态灾害，制约着三北地区经济社会发展，对中华民族的生存、发展构成挑战。当前，我国荒漠化、沙化土地治理呈现出“整体好转、改善加速”的良好态势，但沙化土地面积大、分布广、程度重、治理难的基本面尚未根本改变。这两年，受气候变化异常影响，我国北方沙尘天气次数有所增加。现实表明，我国荒漠化防治和防沙治沙工作形势依然严峻。我们要充分认识防沙治沙工作的长期性、艰巨性、反复性和不确定性，进一步提高站位，增强使命感和紧迫感。

2021—2030 年是“三北”工程六期工程建设期，是巩固拓展防沙治沙成果的关键期，是推动“三北”工程高质量发展的攻坚期。要完整、准确、全面贯彻新发展理念，坚持山水林田湖草沙一体化保护和系统治理，以防沙治沙为主攻方向，以筑牢北方生态安全屏障为根本目标，因地制宜、因害设防、分类施策，加强统筹协调，突出重点治理，调动各方面积极性，力争用 10 年左右时间，打一场“三北”工程攻坚战，把“三北”工程建设成为功能完备、牢不可破的北疆绿色长城、生态安全屏障。

要坚持系统观念，扎实推进山水林田湖草沙一体化保护和系统治理。要统筹森林、草原、湿地、荒漠生态保护修复，加强治沙、治水、治山全要素协调和管理，着力培育健康稳定、功能完备的森林、草原、湿地、荒漠生态系统。要强化区域联防联治，打破行政区域界限，实行沙漠边缘和腹地、上风口和下风口、沙源区和路径区统筹谋划，构建点线面结合的生态防护网络。要优化农林牧土地利用结构，严格实施国土空间用途管控，留足必要的生态空间，保护好来之不易的草原、森林。

要突出治理重点，全力打好三大标志性战役。要全力打好黄河“几字弯”攻坚战，以毛乌素沙地、库布其沙漠、贺兰山等为重点，全面实施区域性系统治理项目，加快沙化土地治理，保护修复河套平原河湖湿地和天然草原，增强防沙治沙和水源涵养能力。要全力打好科尔沁、浑善达克两大沙地歼灭战，科学部署重大生态保护修复工程项目，集中力量打歼灭战。要全力打好河西走廊—塔克拉玛干沙漠边缘阻击战，全面抓好祁连山、天山、阿尔泰山、贺兰山、六盘山等区域天然林草植被的封育封禁保护，加强退化林和退化草原修复，确保沙源不扩散。

要坚持科学治沙，全面提升荒漠生态系统质量和稳定性。要合理利用水资源，坚持以水定绿、以水定地、以水定人、以水定产，把水资源作为最大的刚性约束，大力发展节水林草。要科学选择植被恢复模式，合理配置林草植被类型和密度，坚持乔灌草相结合，营造防风固沙林网、林带及防风固沙沙漠锁边林草带等。要因地制宜、科学推广应用行之有效的治理模式。

要广泛开展国际交流合作，履行《联合国防治荒漠化公约》，积极参与全球荒漠化环境治理，重点加强同周边国家的合作，支持共建“一带一路”国家荒漠化防治，引领各国开展政策对话和信息共享，共同应对沙尘灾害天气。

实施“三北”工程是国家重大战略，要全面加强组织领导，坚持中央统筹、省负总责、市县抓落实的工作机制，完善政策机制，强化协调配合，统筹指导、协调推进相关重点工作。要健全“三北”工程资金支持和政策支撑体系，建立稳定持续的投入机制。各级党委和政府要保持战略定力，一张蓝图绘到底，一茬接着一茬干，锲而不舍推进“三北”等重点工程建设，筑牢我国北方生态安全屏障。

——2023年6月6日，习近平总书记在内蒙古巴彦淖尔市考察并主持召开加强荒漠化综合防治和推进“三北”等重点生态工程建设座谈会上的讲话

筑牢我国北方重要生态安全屏障，是内蒙古必须牢记的“国之大者”。要统筹山水林田湖草沙综合治理，精心组织实施京津风沙源治理、“三北”防护林体系建设等重点工程，加强生态保护红线管理，落实退耕还林、退牧还草、草畜平衡、禁牧休牧，强化天然林保护和水土保持，持之以恒推行草原森林河流湖泊湿地休养生息，加快呼伦湖、乌梁素海、岱海等水生态

综合治理，加强荒漠化治理和湿地保护，加强大气、水、土壤污染防治，在祖国北疆构筑起万里绿色长城。要进一步巩固和发展“绿进沙退”的好势头，分类施策、集中力量开展重点地区规模化防沙治沙，不断创新完善治沙模式，提高治沙综合效益。

——2023年6月8日，习近平总书记在听取内蒙古自治区党委和政府工作汇报时的讲话

今后5年是美丽中国建设的重要时期，要深入贯彻新时代中国特色社会主义生态文明思想，坚持以人民为中心，牢固树立和践行绿水青山就是金山银山的理念，把建设美丽中国摆在强国建设、民族复兴的突出位置，推动城乡人居环境明显改善、美丽中国建设取得显著成效，以高品质生态环境支撑高质量发展，加快推进人与自然和谐共生的现代化。

着力提升生态系统多样性、稳定性、持续性，加大生态系统保护力度，切实加强生态保护修复监管，拓宽绿水青山转化金山银山的路径，为子孙后代留下山清水秀的生态空间。

加大生态系统保护力度。加快建设以国家公园为主体、以自然保护区为基础、以各类自然公园为补充的自然保护地体系，把有代表性的自然生态系统和珍稀物种栖息地保护起来。推进实施重要生态系统保护和修复重大工程，科学开展大规模国土绿化行动，持续推进“三北”防护林体系建设和京津风沙源治理，

集中力量在重点地区实施一批防沙治沙工程，特别是全力打好三大标志性战役。推进生态系统碳汇能力巩固提升行动。实施一批生物多样性保护重大工程，健全生物多样性保护网络，逐步建立国家植物园体系，努力建设美丽山川。

切实加强生态保护修复监管。这些年来，破坏生态行为禁而未绝，凸显了生态保护修复离不开强有力的外部监管。要在生态保护修复上强化统一监管，强化生态保护修复监管制度建设，加强生态状况监测评估，开展生态保护修复成效评估，强化自然保护地、生态保护红线督察执法。坚决杜绝生态修复中的形式主义，决不允许打着生态建设的旗号干破坏生态的事情。

拓宽绿水青山转化金山银山的路径。良好的生态环境蕴含着无穷的经济价值。推进生态产业化和产业生态化，培育大量生态产品走向市场，让生态优势源源不断转化为发展优势。推进重要江河湖库、重点生态功能区、生态保护红线、重要生态系统等保护补偿，完善生态保护修复投入机制，严格落实生态环境损害赔偿制度，让保护修复者获得合理回报，让破坏者付出相应代价。

——2023 年 7 月 17 日至 18 日，习近平总书记在全国生态环境保护大会上的讲话

这片全世界最大的人工古柏林，之所以能够延续得这么久、保护得这么好，得益于明代开始颁布实行“官民相禁剪伐”“交

树交印”等制度，一直沿袭至今、相习成风，更得益于当地百姓世代共同守护。这启示我们，抓生态文明建设必须搭建好制度框架，抓好制度执行，同时充分调动广大人民群众的积极性主动性创造性，巩固发展新时代生态文明建设成果。

——2023 年 7 月 25 日，习近平总书记在四川广元市剑阁县翠云廊考察时的讲话

四川是长江上游重要的水源涵养地、黄河上游重要的水源补给区，也是全球生物多样性保护重点地区，要把生态文明建设这篇大文章做好。要坚持山水林田湖草沙一体化保护和系统治理，强化国土空间管控和负面清单管理，严格落实自然保护地、生态保护红线监管制度。要加快建立以国家公园为主体的自然保护地体系。要推行草原森林河流湖泊湿地休养生息。

——2023 年 7 月 27 日，习近平总书记在听取四川省委和省政府工作汇报时的讲话

生态公园建设要顺应自然，加强湿地生态系统的整体性保护和系统性修复，促进生态保护同生产生活相互融合，努力建设环境优美、绿色低碳、宜居宜游的生态城市。

——2023 年 7 月 29 日，习近平总书记在陕西汉中市天汉湿地公园考察时强调

坚持造林与护林并重，做到未雨绸缪、防患于未然，决不能让几十年、几百年、上千年之功毁于一旦。

——2023 年 9 月 6 日，习近平总书记在黑龙江大兴安岭地区漠河市漠河林场考察时的讲话

发展旅游业是推动高质量发展的重要着力点。把大兴安岭森林护好，旅游业才有吸引力。这里的旅游资源得天独厚，地方党委和政府要提供政策支持，坚持林下经济和旅游业两业并举，让北国边塞风光、冰雪资源为乡亲们带来源源不断的收入。

——2023 年 9 月 6 日，习近平总书记在黑龙江大兴安岭地区漠河市北极村考察时强调

大力发展特色文化旅游。把发展冰雪经济作为新增长点，推动冰雪运动、冰雪文化、冰雪装备、冰雪旅游全产业链发展。守护好森林、江河、湖泊、湿地、冰雪等原生态风貌，改善边境地区基础设施条件，积极发展边境旅游，更好地促进兴边富民、稳边固边。

——2023 年 9 月 8 日，习近平总书记在听取黑龙江省委和省政府工作汇报时的讲话

优美的自然环境本身就是乡村振兴的优质资源，要找到实现生态价值转换的有效途径，让群众得到实实在在的好处。

——2023 年 10 月 11 日，习近平总书记在江西上饶市婺源县秋口镇王村石门自然村考察时的讲话

协同推进降碳、减污、扩绿、增长，把产业绿色转型升级作为重中之重，加快培育壮大绿色低碳产业，积极发展绿色技术、绿色产品，提高经济绿色化程度，增强发展的潜力和后劲。支持生态优势地区做好生态利用文章，把生态财富转化为经济财富。完善横向生态保护补偿机制，激发全流域参与生态保护的积极性。

——2023 年 10 月 12 日，习近平总书记在进一步推动长江经济带高质量发展座谈会上的讲话

建设美丽中国先行区，打造绿色低碳发展高地。积极稳妥推进碳达峰碳中和，加快打造绿色低碳供应链。完善生态产品价值实现机制。落实集体林权制度改革。

——2023 年 12 月 12 日，习近平总书记在中央经济工作会议上的讲话

目 录

专栏目录

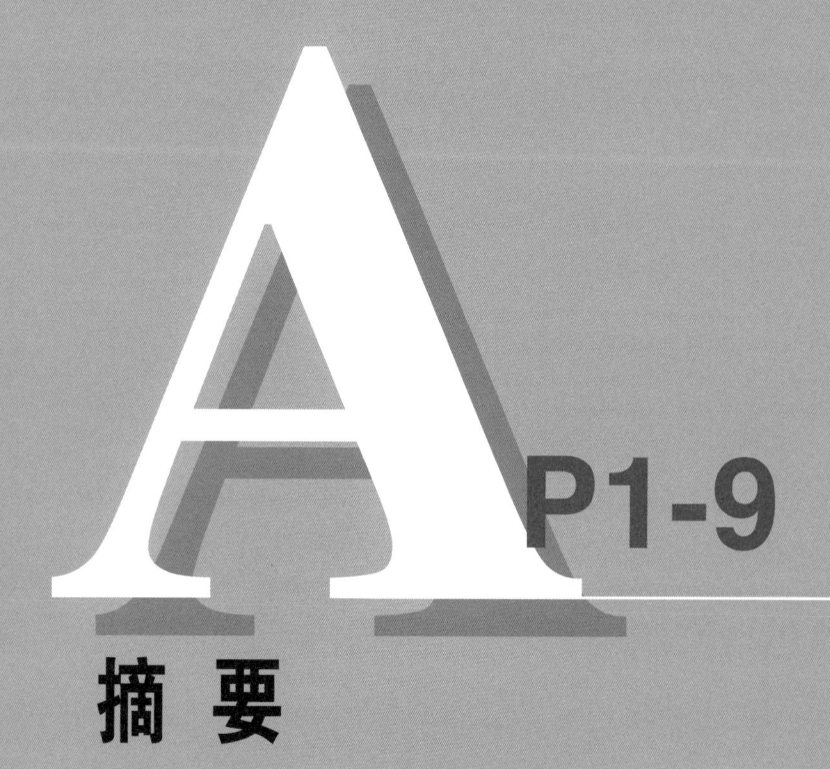

摘 要

摘　要

1.“三北”工程攻坚战实现良好开局

——国务院成立加强荒漠化综合防治和推进“三北”等重点生态工程建设工作协调机制，召开了第一次全体会议，制定印发了“1+N+X”工作方案，明确了相关部门重点任务和责任分工。

——联合国家发展和改革委员会、财政部、自然资源部、水利部、国家能源局印发《三北工程六期规划》，谋划布局六期工程68个重点项目。

——启动实施黄河“几字弯”攻坚战，科尔沁、浑善达克两大沙地歼灭战，河西走廊—塔克拉玛干沙漠边缘阻击战三大标志性战役。截至2023年底，三大标志性战役区开工项目22个，完成造林种草122.3万公顷。

2. 国土绿化行动全力推进

——全年（除港澳台地区）完成造林463.61万公顷，种草改良437.87万公顷。启动实施96个“双重”工程项目和25个国土绿化试点示范项目。持续推进国家储备林建设。全年共生产林木种子1269.7万千克，实际用于造林绿化的林木种子743.6万千克。全国育苗总面积98.6万公顷。

——全年线上发布各类义务植树尽责活动2.4万多个，网络平台访问量近4.4亿次，建成“互联网＋全民义务植树”基地1500多个。

——全国城市建成区绿化覆盖率和村庄绿化覆盖率分别为42.96%和32.01%。国家森林城市数量累计达到218个。

3. 以国家公园为主的自然保护地体系建设取得新进展

——正式发布第一批国家公园总体规划，组织开展第一批国家公园建设成效评估工作。完成东北虎豹国家公园管理机构组建。大熊猫、海南热带雨林、武夷山国家公园完成自然资源确权登记。

——通过中央预算内投资支持4.1亿元。通过中央财政国家公园补助资金安排30亿元，并出台《中央财政国家公园项目入库指南》。印发《国家级自然公园管理办法（试行）》《国家林业和草原局关于规范在森林和野生动物类型国家级自然保护区修筑设施审批管理的通知》。成功举办第二届国家公园论坛。

——累计批复29个国家级自然保护区总体规划，完成29个国家级风景名胜区总体规划审查，批复12个国家级森林公园总体规划。完成80处国家湿地公园试点验收、晋升及调整现场考察工作。启动重庆云阳和浙江常山2处世界地质公园申报工作。

4. 资源保护扎实推进

——全年审核建设项目使用林地5.39万项，面积15.89万公顷；批准临时占用林地和直接为林业生产服务的工程设施使用林地4.04万项，面积13.27万公顷；收取森林植被恢复费329.39亿元。全国采伐限额使用12927.63万立方米，占年采伐限额的46.9%。印发《全国森林可持续经营试点实施方案（2023—2025年）》，选取368个试点单位，完成试点任务18.07万公顷。完成天然林抚育任务105.93万公顷。首次落实中央财政资金5000万元，支持地方对衰弱濒危一级古树和名木实施抢救复壮项目。全国共计选聘各类生态护林员174.23万人。

——审核审批草原征占用项目9580项，占用草原面积7.26万公顷，征收草原植被恢复费17.4亿元。全国安排中央预算内投资39.6亿元、中央财政资金43亿元，完成退化草原修复治理437.87万公顷，实现0.5亿公顷基本草原落地上图。

——实施湿地保护与修复重大工程14处，安排地方湿地生态保护补偿项目48个、湿地保护与恢复项目91个。发布新一批国家重要湿地29处、新一批省级重要湿地50处，新指定国际重要湿地18处。组织开展《红树林保护修复专项行动计划》中期评估。

——印发《〈全国防沙治沙规划（2021—2030年）〉重点任务分工方案》。全年完成沙化土地治理任务190.42万公顷，石漠化综合治理任务41.75万公顷。安排中央预算内资金8000万元，重点支持新疆、甘肃等省（自治区）14个全国防沙治沙示范区建设。

——调整、公布《有重要生态、科学、社会价值的陆生野生动物名录》，共收录野生动物1924种；发布首批《陆生野生动物重要栖息地名录》，共789处，覆盖565种国家重点保护野生动物。成立国家植物园体系建设专家委员会。完成对境外19个国家23家大熊猫合作机构实地检查评估工作。

5. 灾害防控能力持续提升

——全国共发生森林火灾328起，受害森林面积4135公顷，因灾伤亡5人。全国共发生草原火灾15起，受害面积14.34万公顷，因灾死亡1人。

——林业有害生物发生面积1092.30万公顷，累积防治面积2658.99万公顷。草原有害生物防治面积1.36亿亩①，挽回鲜草损失共369.72万吨，折合人民币28.049亿元；全国草原有害生物成灾率为6.30%。

——松材线虫病发生面积122.27万公顷，同比下降19.11%。病死（含枯死、濒死）松树759.86万株、同比下降26.97%。全国县级疫区总量减少至663个。

——我国北方地区春季共发生13次沙尘天气过程。基本完成外来物种普查工作。

① 1亩=1/15公顷，下同。

6. 林草重点改革不断深化

——组织实施2023年林长制督查考核工作，开展2022年度林长制激励地方评选工作。

——中共中央办公厅、国务院办公厅印发《深化集体林权制度改革方案》。截至2023年，集体林森林面积21.83亿亩，森林蓄积量93.32亿立方米，林权抵押贷款余额约1400亿元，集体林业带动当地农民就业人数超过4000万人。

——明确7.2亿亩“其他草地”全部按照农用地管理。

7. 林草投资稳定，金融创新不断推进

——全国林草投资完成3642.06亿元，与2022年基本持平。其中，国家资金（中央资金和地方资金）2407.95亿元，占林草投资完成额的66.12%。

——共计有921个林草贷款项目获得开发性、政策性金融机构批准，累计发放贷款2322亿元。新增267个贷款项目，新增发放贷款514亿元。

——全国政策性森林保险总参保面积24.79亿亩，总保费规模39.10亿元，提供风险保障约2.03万亿元；各级财政补贴34.08亿元，全年完成已决赔款14.43亿元，简单赔付率36.92%。

8. 林草产业产值增加且结构优化，乡村振兴持续发力

——林草产业总产值达到9.72万亿元（按现价计算），比2022年增长7.17%。林业产业结构由2022年的32∶45∶23调整为32∶43∶25。

——全国经济林种植面积约7亿亩。全国油茶种植面积已达到7300万亩左右，茶油产量达到76.4万吨。林下经济产值约1.16万亿元。全年全国林草系统生态旅游游客量为25.31亿人次，较2022年

全年生态旅游游客量增长91.16%。

——印发《林草推进乡村振兴十条意见》。在中西部22个省（自治区、直辖市）选（续、补）聘生态护林员110万名，惠及300多万脱贫人口。

9. 林草产品进出口市场景气下降

——木材产品供求快速增长、对外依存度微降、进出口价格水平大幅下跌。林产品出口907.15亿美元、进口902.43亿美元，分别比2022年下降8.59%和2.58%；贸易逆差缩减61.38亿美元。

——木材产品市场总供给（总消费）为53912.85万立方米，比2022年增长9.70%；其中，国内供给25253.16万立方米、进口28659.69万立方米，总供给中进口占比下降0.11个百分点；木材产品国内消费41197.93万立方米、出口12714.92万立方米。木质林产品（不含印刷品）总体出口价格水平和进口价格水平分别下降9.67%和13.45%。

——草产品出口235.20万美元、进口12.75亿美元，分别比2022年增长49.56%和8.88%。

10. 生态公共服务蓬勃发展，法治建设走深走实

——三江源国家公园、河北省塞罕坝机械林场等57家单位被授予首批国家林草科普基地。内蒙古大兴安岭汗马国家级自然保护区、吉林长白山国家级自然保护区等13处中国自然保护地被世界自然保护联盟授予“世界最佳自然保护地”称号。

——推进《中华人民共和国国家公园法》列入十四届全国人大常委会立法规划、国务院2023年度立法工作计划。废止了4件部门规章。

——全年共办理行政复议案件58件，其中，立案受理52件。

共办理行政诉讼案件73件，其中，一审案件42件，二审案件31件。

11. 区域林草高质量发展稳步提升

——长江经济带林草产业总值为50634.59亿元，占全国的52.12%。黄河流域2023年完成种草改良面积346.73万公顷，占全国的79.19%，该区生态保护和修复工程项目投资达到91.90亿元，占全国的52.50%。京津冀区域101个区（县）纳入“三北”工程范围，河北省张家口市、承德市的11个县纳入“三北”工程六期核心攻坚区。截至2023年末，我国与“一带一路”沿线国家的林产品贸易总额为748.82亿美元。

——东部地区林草产业总产值达到37027.45亿元，占全国林草产业总产值的38.11%；森林食品产量为536.27万吨，占全国的42.66%。中部地区的竹材总产量达到123074.45万根，占全国的36.01%；林下经济产值为3881.29亿元，占全国的33.47%。

——西部地区的造林面积为240.93万公顷，占全国的51.97%；西部地区共完成种草改良面积417.66万公顷，占全国的95.39%；木材产量达到6479.09万立方米，占全国的51.01%。西部地区的经济林产品总产量为11689.09万吨，占全国的47.59%。

——东北地区林下经济产值为566.47亿元，占全国的4.89%。森林食品产量为80.22万吨，占全国的6.38%；森林药材产量为37.49万吨，占全国的6.05%。

——大兴安岭、内蒙古、吉林长白山、龙江、伊春森工（林业）集团在岗在册职工人均工资分别增长到6.87、7.22、6.90、6.58、6.40万元/年。印发《国有林场试点建设实施方案》。

12. 支撑保障力度持续增强，开放合作与交流成果突出

——启动实施“互花米草可持续治理技术研发”“野生动植物

和古树名木鉴定技术及系统研发”等2个应急揭榜挂帅项目。国家林草科技推广成果库新入库800多项成果，库存总数达到1.37余万项。发布国家标准43项,发布行业标准41项。成立菌草科学与技术、植物迁地保护、华南植物迁地保护与利用等3个国家林业和草原局重点实验室。

——全国完成林业工作站基本建设投资2.93亿元，其中，中央投资1.47亿元，带动地方投资1.46亿元。全国有地级林业工作站148个，管理人员2185人；县级林业工作站1318个，管理人员17510人。

——与阿拉伯国家联盟秘书处共同签署了《关于建立中阿干旱、荒漠化和土地退化国际研究中心的谅解备忘录》，中阿干旱、荒漠化和土地退化国际研究中心揭牌。

——中国政府与国际竹藤组织联合发布《“以竹代塑”全球行动计划（2023—2030）》。

B

P11-17

“三北”工程建设

“三北”工程建设

2023年6月6日，习近平总书记在内蒙古自治区巴彦淖尔市主持召开加强荒漠化综合防治和推进“三北”等重点生态工程建设座谈会并发表重要讲话，强调力争用10年左右时间，把“三北”工程建设成为功能完备、牢不可破的北疆绿色长城、生态安全屏障，发出了全力打好黄河“几字弯”攻坚战、科尔沁和浑善达克沙地歼灭战、河西走廊—塔克拉玛干沙漠边缘阻击战三大标志性战役，努力创造新时代中国防沙治沙新奇迹的伟大号召。国家林业和草原局深入学习贯彻习近平总书记重要讲话精神，全面打响“三北”工程攻坚战，三大标志性战役实现良好开局。

（一）“三北”工程区建设

“三北”工程建设范围东起黑龙江宾县，西至新疆的乌孜别里山口，北抵北部边境，南沿海河、永定河、汾河、渭河、洮河下游、喀喇昆仑山，包括新疆、青海、甘肃、宁夏、内蒙古、陕西、山西、河北、辽宁、吉林、黑龙江、北京、天津等13个省（自治区、直辖市）的775个县（区、旗）以及新疆生产建设兵团所属团（场），总面积448.6万平方千米，占中国国土总面积的46.7%。

顶层设计 国务院成立加强荒漠化综合防治和推进“三北”等重点生态工程建设工作协调机制，召开了第一次全体会议，制定印发了“1+N+X”工作方案，明确了相关部门重点任务和责任分工。会同国家发展和改革委员会、财政部、自然资源部、水利部、国家能源局联合印发了《三北工程六期规划》，谋划布局了六期工程68个重点项目，规划到2030年，“三北”工程区林草覆盖率达到40%以上，67%以上的可治理沙化土地得到治理，主要沙源区和路径区起沙输沙状况得到有效控制，森林、草原、湿地、荒漠生态系统多样性、稳定性、持续性明显增强。

高位推动 内蒙古、辽宁、宁夏、青海、甘肃等省（自治区）成立由党委或政府主要领导任组长的领导小组，其他省（自治区）组建以政府分管领导为组长的协调机构，强化组织领导。河北、青海、新疆和新疆生产建设兵团出台支持工程建设的意见，宁夏回族自治区党委召开全会审议通过生态文明建设“1+4”系列文件，内蒙古、辽宁、陕西、黑龙江、青海等省级人民政府编制印发六期工程规划或攻坚战实施方案，科学规划攻坚战目标任务和政策举措。辽宁、黑龙江、内蒙古、甘肃、青海、新疆等省（自治区）党政主要负责同志主持召开现场推进会，动员部署攻坚战工作。辽宁省，内蒙古自治区赤峰市、鄂尔多斯市，陕西省榆林市，甘肃省庆阳市，河北省等地自筹资金率先启动攻坚战。

重点项目 聚焦六期工程68个重点项目，指导各地围绕综合治理和成果巩固，结合自然地理单元和行政管理实际，细化分解能源可操作的子项目，支撑重点项目实施。加强项目前期工作指导，先后组织15个包片指导组，分3批次深入三北地区工程建设一线开展包片蹲点，宣讲重点项目最新政策，指导各地编制可研报告和实施方案，建立项目储备库。

要素保障 召开协调机制联络员会议，梳理分析工程推进中的主要问题困难，形成问题清单并上报国务院协调机制；多次与国家发展和改革委员会、财政部、水利部、国家能源局座谈会商“三北”工程项目资金、生态用水、光伏治沙等重大事项；协调国家发展和改革委员会、财政部研究建立“三北”等重点生态工程专项，设立“三北”工程专项补助资金；会同国家发展和改革委员会、国务院国有资产监督管理委员会、国家能源局研究支持中央管理企业参与“三北”工程建设；与中国银行等金融单位签订战略合作协议；配合中央财经委员会办公室等单位围绕用钱、用水、林草机构等重大问题开展调研。

联防联控 在黄河“几字弯”攻坚战片区，推动毛乌素沙地四省五市跨区域联防联治。在河西走廊—塔克拉玛干沙漠边缘阻击战片区，协调沟通腾格里沙漠涉及的三省三地市重点构筑“四大阻击防线”，阻止巴丹吉林沙漠和腾格里沙漠“握手”。在科尔沁和浑善达克沙地歼灭战片区，推动内蒙古、河北两省（自治区）合作开展生态治理，指导三峡集团、中林集团筹备开展浑善达克沙地南缘治理项目，消除断档盲点，实现绿色连片。

改革创新 各地聚焦制约工程建设的难点、堵点、卡点问题，坚持向改革要动力，不断创新工程建设和运行机制，释放内生动力。北京将对口帮扶内蒙古的领域拓展至“三北”工程攻坚战，两地林草部门达成在重点项目“硬件”和科研培训“软件”等方面合作。内蒙古阿拉善盟推行“先建后补、合同制造林、合作社造林”等新模式，解决造林绿化季节性强与投资下达滞后的时序错位问题，以及群众参与门槛高和收益低的问题；巴彦淖尔在高标准农田建设中推广“宽林带、大网格”渠林路农田防林建设模式，有效解决农田防护林落地建设难、成果巩固难、更新改造难的问题；赤峰推广“以工代赈”防沙治沙模式，改变了原来“政府做、群众看”的情况，让农牧民就近就业务工，既增强了农牧民的获得感又增加了他们的收入。青海省通过板上发电、板下种草、园区养羊，探索走出一条“草光互补、牧光互促”的光伏+治沙+产业新模式。

监测监督 以“三北”工程区775个县级单位范围，结合第六次全国荒漠化和沙化调查及林草生态综合监测成果，建成图库一体的“三北”工程区资源本底数据库。开展年度动态监测，对“三北”工程区林草植被覆盖率、沙化土地面积及沙化程度指数情况进行年度动态监测。组织“三北”地区93个生态站组建联合观测网络，组建跨部门、跨领域的“三北”地区生态系统监测体系。将“三北”工程建设纳入林长制督查考核范围，制定国土绿化项目闭环管理措施。

科技支撑 推动设立中阿、中蒙荒漠化防治合作中心，成立三北工程研究院，实施科技支撑七大行动，推进15个科技高地建设，组织实施退化防护林优化、乔灌草配置、退化草原修复、节水灌溉技术、光伏治沙模式等攻坚战关键技术研发揭榜挂帅项目，初步建成“三北”工程感知平台。推广光伏治沙模式，会同国家能源局等有关部门研究编制风电光伏治沙规划和相关技术标准，科学布局光伏治沙项目。会同国家发展和改革委员会、国务院国有资产监督管理委员会等支持引导中央管理企业通过开展“光伏+种草”等多种方式参与“三北”工程建设。召开“三北”生态用水战略研讨会和全面向“三北”进军专题动员会、荒漠化防治国际科技合作研讨会。

（二）三大标志性战役

先后在辽宁彰武、内蒙古巴彦淖尔、甘肃民勤召开现场推进会，启动实施科尔沁、浑善达克两大沙地歼灭战、黄河“几字弯”攻坚战、河西走廊—塔克拉玛干沙漠边缘阻击战三大标志性战役。截至2023年底，已开工项目22个，完成造林种草122.3万公顷。

1. 黄河“几字弯”攻坚战

基本情况

• 范围：涉及内蒙古、陕西、甘肃、宁夏、山西5个省（自治区）的163个县，区内分布有库布其、乌兰布和、腾格里等沙漠和毛乌素沙地。

• 启动时间：2023年8月27日。

• 战术与目标：黄河“几字弯”攻坚战重点是推进黄河岸线流沙、沿线“沙头、沙口、沙源”治理，加强十大孔兑粗沙区、黄土高原风蚀水蚀治理，通过重点解决好沙患、水患、盐渍化、农田防护林、草原超载过牧、河湖湿地保护等六大生态问题，改善流域生态环境，确保黄河生态稳定。

各地建设

• 山西省核心攻坚区设置晋北地区高原风沙源生态保护和修复等4个项目，涉及46个县和7个省直林局；协同推进区设置吕梁山生态保护修复和水土流失综合治理等2个项目，涉及16个县；巩固拓展区涉及7个县。

• 陕西省将全省荒漠化综合防治和黄河“几字弯”攻坚战68个县划分为毛乌素沙地防沙治沙攻坚区、黄土高原水土流失综合治理攻坚区和关中生态经济协同推进区3个治理区，设计了锁边林草带提升改造等“十二个重点行动”。

• 甘肃省将庆阳、平凉、定西、白银、兰州5个市的28个县纳入攻坚战，成为“几字弯”经济圈外唯一入围省份。在核心攻坚区部署了陇东地区生态保护修复和水土流失综合治理、陇中地区生态保护修复和水土流失综合治理两个重点项目，分解了17个子项目。

• 宁夏回族自治区布局了覆盖宁夏全境的11个重点项目，规划治理面积440

万亩，估算投资44亿元。

• 内蒙古自治区攻坚战片区涉及7个盟市的35个旗县，聚焦泥沙入黄和风沙侵袭两大危害，实施库布其—毛乌素沙漠沙化地综合治理等3个重点项目，因地制宜开展阻沙入黄、控沙斩源等4个战役。

2. 科尔沁、浑善达克两大沙地歼灭战

基本情况

• 范围：涉及内蒙古、辽宁、吉林、黑龙江、河北5个省（自治区）的83个县，区域内分布有科尔沁、浑善达克沙地。

• 启动时间：2023年8月3日。

• 战术与目标：科尔沁和浑善达克沙地歼灭战重点是实现区域可治理沙化土地全覆盖，主攻高质量林草植被建设，统筹推进沙化土地、退化草原、河湖湿地保护与修复，稳步提升林草植被盖度，“斩断”影响京津地区的风沙源，恢复稀树草原景观。

各地建设

• 河北省聚焦张承坝上、太行山燕山和雄安新区周边等生态建设重点区域治理，规划了浑善达克南缘沙地歼灭战等五大重点治理工程。

• 内蒙古自治区在5个盟市39个旗县部署推进两大沙地歼灭战。科尔沁沙地歼灭战重点打好首都沙源歼灭战等3个战役；浑善达克沙地歼灭战重点实施沙地西部风沙路径阻隔等2个重点项目。

• 辽宁省划分科尔沁沙地歼灭战攻坚区、沙地南缘阻击区、沿海沿河沙地治理区和荒漠化综合防治区4个治理区，规划了8项重点任务23个项目。

• 吉林省以沙化土地治理和农田防护林建设为重点，将东部提质、中部增绿、西部修复作为主攻方向，规划了“绿满山川”森林质量提升等六大工程。

• 黑龙江省将防沙治沙与黑土地保护、盐碱地改造、高标准农田建设等工作一体谋划、一体推进。在泰来、杜蒙等10个县部署了人工造林、退化林修复、退化草原综合治理等重点工程。

3. 河西走廊—塔克拉玛干沙漠边缘阻击战

基本情况

• 范围：涉及内蒙古、陕西、青海、新疆4个省（自治区）的82个县以及新疆生产建设兵团有关团场，区内分布有腾格里、巴丹吉林、柴达木、塔克拉玛干等沙漠。

• 启动时间：2023年9月23日。

• 战术与目标：河西走廊—塔克拉玛干沙漠边缘阻击战是聚焦沙漠边缘关键带，统筹推进防风、阻沙、控尘一体化治理，建设立体防风固沙阻沙网络，全面保护天然荒漠植被，维护绿洲生态安全，确保沙源不扩散。

各地建设

• 内蒙古自治区以建设巴丹吉林、腾格里沙漠锁边林草带，阻止沙漠东侵南移为主攻方向，阻沙入河攻坚战等七大战役全面开工。

• 甘肃省以“防风、阻沙、控尘”为治理目标，在河西5个市20个县规划了腾格里—巴丹吉林沙漠锁边治理区等3个重点治理区，部署4个重点项目，谋划24个子项目。

• 青海省构建了“2+1+12+N”防沙治沙新格局，以“柴达木盆地沙漠边缘阻击区、共和盆地沙地歼灭攻坚区”两个核心攻坚区，“青海湖流域沙地综合治理区”1个协同推进区，“共和盆地贵南县黄沙头”等12个重点区域周边沙漠边缘关键带，若干防沙治沙新模式为抓手。

• 新疆维吾尔自治区积极探索中央管理企业治沙模式，与中国铁建股份有限公司、亿利资源集团有限公司等企业分别签订“战略合作协议”，打造塔克拉玛干沙漠科技治沙、光伏发电、沙产业发展风景线。

• 新疆生产建设兵团“三北”工程六期谋划重点项目11个，覆盖兵团13个师（市）、150个团（镇）以及南疆新建设师团。

专栏1 2023年“三北”工程建设重要事件

6月6日

加强荒漠化综合防治和推进“三北”等重点生态工程建设座谈会在内蒙古巴彦淖尔市召开，发出了打好“三北”工程攻坚战、努力创造新时代中国防沙治沙新奇迹的动员令。

6月9日

召开新时代“三北”工程建设动员会，传达“6·6”会议精神，提出贯彻落实要求。

7月12日

国务院召开加强荒漠化综合防治和推进“三北”等重点生态工程建设协调机制第一次全体会议。

7月31日

发布“三北”工程45周年建设成就。

8月3日

科尔沁、浑善达克沙地歼灭战片区推进会在辽宁省彰武县章古台林场召开，科尔沁、浑善达克两大沙地歼灭战正式启动。

8月15日

“三北精神”理论研讨会在内蒙古呼和浩特市召开。

8月21日

《“三北”工程总体规划（修编）》和《三北工程六期规划》通过专家咨询论证。

8月27日

黄河“几字弯”攻坚战推进会在内蒙古磴口县召开，黄河“几字弯”攻坚战正式启动。同日，三北工程研究院成立。

9月23日

河西走廊—塔克拉玛干沙漠边缘阻击战在甘肃民勤启动。

10月8日

召开专题会议，推动建立宁夏黄河“几字弯”攻坚战局省联合包抓机制。

10月18日

联合内蒙古自治区林业和草原局、鄂尔多斯市政府召开毛乌素沙地联防联治协调推进会，四省五市共同签署《毛乌素沙地区域联防联治合作协议》。

11月20日

联合国家发展和改革委员会、财政部、自然资源部、水利部、国家能源局印发《三北工程六期规划》。《三北工程总体规划（修编）》上报国务院审批。

11月30日

国务院加强荒漠化综合防治和推进“三北”等重点生态工程建设工作协调机制联络员第一次会议召开。

国土绿化

- 造林绿化
- 种草绿化
- 林草种苗
- 城乡绿化
- 林业和草原应对气候变化

国土绿化

（一）造林绿化

认真落实《国务院办公厅关于科学绿化的指导意见》，统筹推进扩绿增量和提质增效，全面推进造林任务落地落实，全年共完成造林463.61万公顷（图1）。湖南、陕西、广西、内蒙古、山西、云南、甘肃、江西、贵州等9个省（自治区）造林面积均超20万公顷，占总造林面积的59.59%。

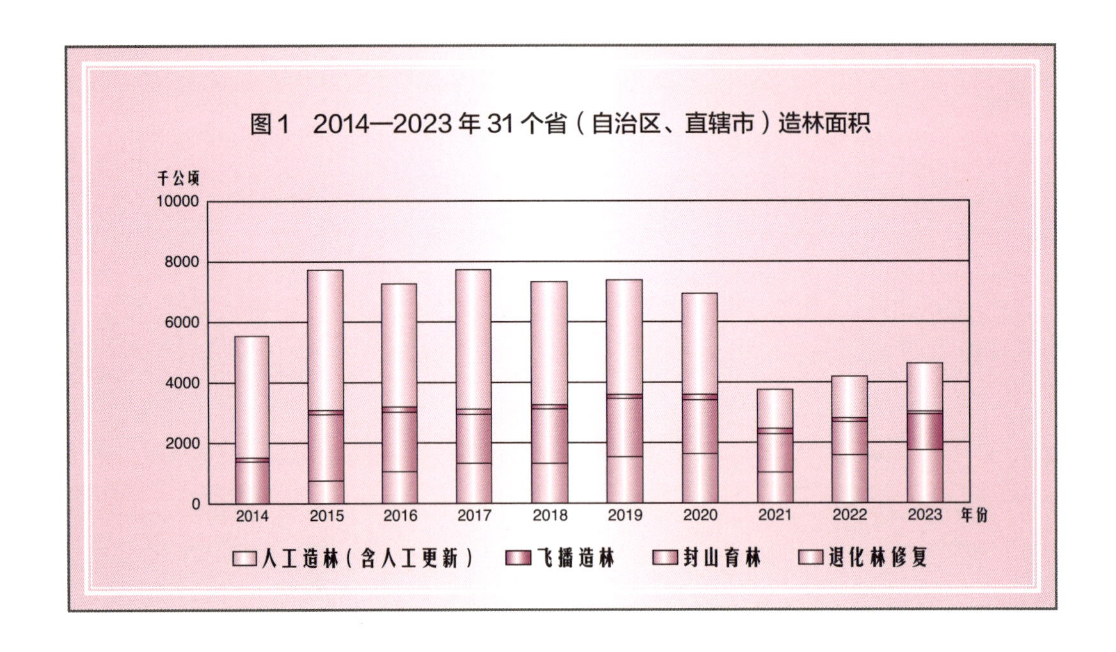

图1 2014—2023年31个省（自治区、直辖市）造林面积

1. 造林方式

人工造林（含人工更新） 全年完成人工造林164.03万公顷，占总造林面积的35.38%。广西、山西、甘肃、内蒙古、湖南等5个省份人工造林均超过10万公顷，占全国人工造林面积的52.93%。

封山育林 全年完成封山育林113.31万公顷，占全国造林面积的24.44%。陕西、湖南等2个省封山育林均超过10万公顷，占全国封山育林面积的24.66%。

飞播造林 陕西、河南、内蒙古、山西、西藏、河北、甘肃等7个省（自治区）飞播造林面积6.70万公顷，占全国造林面积的1.45%。

退化林修复 全年完成退化林修复179.58万公顷，占全国造林面积的38.74%。贵州、湖南、内蒙古、江西、云南、湖北、陕西等7个省（自治区）退化林修复均超过10万公顷，占全国退化林修复面积的53.99%。

2. 工程造林

“双重”工程 启动实施96个“双重”工程项目，共完成造林233.78万公顷，占总造林面积的50.43%。其中，人工造林54.39万公顷、封山育林80.71万公顷、飞播造林4.73万公顷、退化林修复93.95万公顷。陕西、山西、甘肃、湖南等4个省“双重”造林面积超20万公顷。

储备林建设 国家林业和草原局印发《“十四五”国家储备林建设实施方案》《国家储备林建设管理办法（试行）》，在东南沿海地区、西南地区、长江中下游地区、西北地区、黄淮海地区、东北地区等6个国家储备林建设片区开展国家储备林建设。全年共建设国家储备林56.39万公顷，主要分布在广西、重庆、四川等18个省（自治区、直辖市），其中，集约人工林新造9.53万公顷，现有林改培22.62万公顷，中幼林抚育24.24万公顷。截至2023年，全国储备林建设面积672.61万公顷。

专栏2 国土绿化试点示范项目

2023 年，全国 25 个地市实施了第三批国土绿化试点示范项目（表 1），安排营造林任务 26.05 万公顷。2021 年至今，累计实施国土绿化试点示范项目共计 65 个。

表1 第三批国土绿化试点示范分布区域

序号	名称	序号	名称	序号	名称
1	河北省承德市	10	安徽省黄山市	19	广西壮族自治区河池市
2	河北省石家庄市	11	福建省泉州市	20	重庆市梁平区、垫江县
3	山西省吕梁市	12	福建省莆田市	21	陕西省榆林市
4	山西省忻州市	13	江西省抚州市	22	青海省果洛藏族自治州
5	内蒙古自治区锡林郭勒盟	14	河南省信阳市	23	青海省西宁市
6	吉林省松原市	15	湖北省襄阳市	24	宁夏回族自治区中卫市
7	吉林省延边朝鲜族自治州	16	湖北省黄冈市	25	新疆生产建设兵团第十师
8	黑龙江省佳木斯市	17	湖南省衡阳市		
9	安徽省六安市	18	湖南省株洲市		

3. 义务植树

2023年4月4日，习近平总书记连续第11年参加首都义务植树活动并发表重要讲话。全国人大常委会领导、全国政协领导、中央军委首长分别集体参加义务植树活动。4月8日，第22次共和国部长义务植树活动在京举行，140名部级领导同志通过植树、抚育两类尽责形式履“植”尽责。31个省（自治区、直辖市）及新疆生产建设兵团组织开展了省级领导集体义务植树活动。

“互联网+全民义务植树”逐步深入人心，全年线上发布各类尽责活动2.4万多个，网络平台访问量近4.4亿次，建成“互联网+全民义务植树”基地1500多个，初步实现了尽责形式多样化和公众参与便捷化。北京、广东、河北、湖南、安徽、浙江、陕西、黑龙江、江苏、四川、福建、山东、内蒙古、新疆、云南、重庆、广西、贵州等地创新做法。贵州省组织党员干部、志愿者及群众新春上班首日义务植树迎新年；湖南省委、省人民政府联合发表署名文章号召全社会参与义务植树；安徽等地充分发挥各级林长示范引领作用，将义务植树开展情况纳入省级林长制年度考核；广东等地将义务植树与全域绿化、乡村绿化、古树名木保护、森林城市创建有机衔接，一体推进。

4. 部门绿化

• 中央直属机关组织干部职工完成义务植树12万余株。中央国家机关推进节约型绿化美化单位建设，组织53个部门及所属在京单位栽植各类乔灌木、花卉29万余株。

• 中央军委后勤保障部组织开展首都百名将军义务植树活动，持续推动军事区域造林绿化工作。

• 科技部围绕林业资源高效培育与精深加工以及重大有害生物防控的科学问题和核心关键技术，部署开展相关研究。

• 自然资源部持续推进山水林田湖草沙一体化保护和修复工程项目及历史遗留废弃矿山生态修复示范工程建设，统筹耕地保护与生态建设。

• 生态环境部组织开展“山水工程”试点生态环境成效自评估，联合印发《全国生态质量监督监测工作方案（2023—2025年）》。

• 交通运输部新增公路绿化里程超8万千米，全国铁路绿化里程累计达5.86万千米，宜林铁路线路绿化率达87.9%。

• 水利部新增治理水土流失面积6.3万平方千米，打造生态清洁小流域505条，严格河湖岸线空间管控，打造滨水生态空间、绿色休憩走廊，河渠湖库周边绿化面积达4.3万公顷。

• 农业农村部在高标准农田建设中因地制宜建设农田防护林，提高农田抵御自然灾害能力。

• 国务院国有资产监督管理委员会研究推动中央企业参与“三北”工程建设。

• 中华全国总工会建设“工会林”“劳模林”1500余个，面积2.73万公顷，种植树木近1500万株。

• 共青团中央动员1263所高校近250万团员青年参与第十三届“绿植领养”

活动，相关宣传产品、网络话题覆盖数亿人次。

• 中华全国妇女联合会组织种植“巾帼林”，累计创建“美丽庭院”1200万户。

（二）种草绿化

全年共完成种草改良437.87万公顷。青海、甘肃、内蒙古、西藏、新疆等5个省（自治区）的种草改良任务实施面积占全国实施面积的85%以上。

人工种草　全年完成人工种草105.36万公顷，占全国的24.06%。甘肃、内蒙古、西藏等3个省（自治区）人工种草面积均超15万公顷，占全国的60.95%。

草原改良　全年完成草原改良106.38万公顷，占全国的24.30%。青海、内蒙古、甘肃、新疆和西藏等5个省（自治区）草原改良90.59万公顷，占全国的85.16%。

围栏封育　全年完成围栏封育226.11万公顷，占全国的51.64%。青海和内蒙古等2个省（自治区）围栏封育共计160.69万公顷，占全国的71.07%。

（三）林草种苗

中央财政林木良种培育补助项目安排资金6亿元，支持国家重点林木良种基地、国家林木种质资源库建设和育苗单位开展林木良种生产、种质资源保护及良种繁育等。中央预算内投资林草种质资源保护工程项目安排资金2亿元，支持17个国家林木种质资源库和设施保存库内蒙古分库、海南分库基础设施建设。

种苗生产　全年共生产林木种子1269.7万千克，其中，良种365.7万千克，良种穗条20.8亿条（根），实际用于造林绿化的林木种子743.6万千克。全国育苗总面积98.6万公顷，其中，新育面积7.3万公顷，比2022年分别减少了12.2%和11.0%。生产苗木总量324亿株，其中，可供造林绿化苗木235亿株，实际用苗量91.5亿株，比2022年分别减少24.7%、18.1%和3.7%。全国共有各类苗圃21.4万个，其中，国有苗圃3270个，已建设保障性苗圃671个。全国省级及以上林木良种基地779个，生产总面积13.7万公顷，其中，国家重点良种基地294个。林木采种基地686个，采种面积21.7万公顷。建设草种基地3.77万公顷，年生产各类生态草种能力达到1.69万吨。

种质资源保护　完成《全国林木种质资源调查收集与保存利用规划（2014—2025年）》确定的“1主6分”设施保存库的布局，国家林草种质资源设施保存库山东分库与新疆分库已投入使用。首次启动实施林草种质资源收集行动，印发《林草种质资源收集工作方案（2023—2025年）》，31个省（自治区、直辖市）和新疆生产建设兵团、大兴安岭林业集团公司完成了省级林草种质资源收集实施方案的编制。印发《草种质资源普查技术规程（试行）》。成立国家林草种质资源鉴定评价中心。

监督监管 印发《国家林业和草原局办公室关于进一步加强林草种苗监管工作的通知》《国家林业和草原局林场种苗司关于做好2023年全国林草种苗质量抽检工作的通知》，对山西、河南、西藏、陕西等4个省（自治区）飞播种子质量，甘肃、青海等2个省草种子质量，江西、湖北、广东、广西、贵州等5个省（自治区）油茶苗木及国土绿化项目使用的苗木质量进行抽检。共检测飞播种子样品113个、草种样品55个、苗木苗批90个，涉及39个县73个种苗经营或使用单位。飞播种子样品合格率为75.2%，草种样品合格率为43.6%，苗木苗批合格率为100%。对广东、北京、天津、上海等4个省（直辖市）的6家公司开展林草种苗行政许可随机抽查，6家企业全部合格。开展“国务院有关部门所属的在京单位从国外引进林草种子、苗木检疫审批”许可事项的事后监督检查。

品种审定 全国累计审（认）定林木良种637个，其中，国家林业和草原局林木品种审定委员会审（认）定林木良种24个，北京、河北、山西等28个省级林木品种审定委员会审（认）定林木良种613个。安徽、新疆、重庆等5个省（自治区、直辖市）引种备案林木良种26个。全国审定草品种83个，其中，国家林业和草原局草品种审定委员会审定草品种7个，内蒙古、辽宁、新疆等8个省（自治区）审定草品种76个。

专栏3 草种供需情况分析

草种是发展现代畜牧业、修复退化草原生态系统、调整种植业结构、建设美丽乡村、实现美丽中国的物质基础和基本材料。依据利用目标和应用场景的不同，我国草种主要分为生态草种和饲草种两大类。根据《2023年全国草种供需分析报告》预测，我国2023年各类草种需求量为16万～20万吨。其中，生态修复用草种6万～7万吨，草坪草4万～5万吨，饲草6万～8万吨（部分优良饲草也兼生态用途，因此生态用种与饲草用种需求会有部分重叠）。截至2023年8月20日，全国主要草种生产区种子总产量为2.91万吨。随着《“十四五”林业草原保护发展规划纲要》《“十四五”全国饲草产业发展规划》《全国国土绿化规划纲要（2022—2025年）》《林草种苗振兴三年行动方案（2023—2025年）》等政策的深入实施，以及“三北”等重点生态工程建设的积极推进，我国各类草种需求空间将进一步释放，未来几年草种需求量将呈现总体上升趋势。草种基地的建设对于改善我国优良草种供应不足的问题有一定改善，但供不应求状态仍将存在。

（四）城乡绿化

城市绿化建设 全国国家森林城市数量达到218个。其中，地级及以上城市196个，县级城市22个。全年新建和改造提升城市绿地3.4万公顷，开工建设“口袋公园”4128个，建设绿道5325千米。城市建成区绿化覆盖率达42.96%。全国6174个城市公园开展绿地开放共享试点，增加可进入、可体验的活动场地，轮换共享草坪1.1万公顷。

乡村绿化美化建设 认真贯彻落实习近平总书记关于浙江“千万工程”的重要批示精神，制定印发贯彻落实工作方案。组织召开全国学习运用“千万工程”经验现场推进会，指导各地开展村庄清洁行动。发布《乡村绿化技术规程（试行）》，出版《乡村绿化美化模式范例》，指导乡村绿化美化建设。修订村庄绿化覆盖率调查技术方案，推进开展年度调查测算。大力开展农村“四旁”植树和场院绿化，村庄绿化覆盖率达32.01%。

（五）林业和草原应对气候变化

与自然资源部、国家发展和改革委员会、财政部联合印发《生态系统碳汇能力巩固提升实施方案》，提出到2025年、2030年巩固提升生态系统碳汇能力的主要目标和重点任务。批准成立“林草应对气候变化标准化技术委员会（NFGA/TC7）”，负责林草应对气候变化领域行业标准化工作。组织召开标准化技术委员会第一届全体委员会暨研讨会。推动发布《温室气体自愿减排项目方法学 造林碳汇（CCER-14-001-V01）》。鼓励全国18个林业碳汇试点市（县）和21个国有林场森林碳汇试点单位，探索完善碳汇计量监测方法、碳汇产品开发制度和生态产品价值实现机制创新等。与国际竹藤组织、亚太森林恢复与可持续管理组织共同举办2023中关村论坛林草碳汇国际创新论坛。在《联合国气候变化框架公约》第二十八次缔约方大会中国角成功举办“实现巴黎协定目标 中国林草领域在行动”的主题边会。

以国家公园为主体的自然保护地体系建设

- 国家公园
- 自然保护区
- 自然公园

以国家公园为主体的自然保护地体系建设

截至2023年底，全国共建立自然保护地9000余处，总面积22736.08万公顷（含交叉重叠），约占陆域国土面积的18%。其中，国家公园5处，自然保护区2000余处，自然公园6000余处。

（一）国家公园

制度体系　印发《国家公园总体规划编制和审批管理办法（试行）实施细则》《国家公园创建设立材料审查办法》《国家公园监测工作管理办法（试行）》《国家公园监测技术指南（试行）》等制度规定。

国家公园建设　正式发布第一批国家公园总体规划，部署保护管理等6个方面重点任务，创新提出弹性管理政策。落实中央机构编制委员会办公室批复的《东北虎豹国家公园管理机构设置方案》，印发《东北虎豹国家公园管理局职能配置、内设机构和人员编制规定》和《东北虎豹管理局各分局职能设置、内设机构和人员编制规定》，完成东北虎豹国家公园管理局和5个分局机构组建、领导班子配备、人员调整等工作。开展第一批国家公园建设成效评估。推进国家公园确权登记，其中大熊猫、海南热带雨林、武夷山国家公园已完成自然资源确权登记。组织实施《国家公园空间布局方案》，按照“成熟一个，设立一个”原则，稳妥推进黄河口、卡拉麦里、钱江源—百山祖等国家公园创建设立工作。截至2023年底，已有24个省（自治区、直辖市）的27个国家公园候选区正在积极开展创建设立工作。第一批5个国家公园生态功能持续向好，珍稀物种种群数量稳步恢复（表2）。

表2　第一批5个国家公园建设与成效

序号	名称	建设与成效
1	三江源国家公园	藏羚羊已恢复到7万多只
2	大熊猫国家公园	打通了13个大熊猫区域的种群生态廊道，保护了70%以上的野生大熊猫
3	东北虎豹国家公园	东北虎、东北豹的数量分别超过50只、60只
4	海南热带雨林国家公园	长臂猿种群数量已恢复到6群37只
5	武夷山国家公园	新发现17个新物种

支撑保障　通过中央预算内投资文化保护传承利用工程安排资金4.1亿元支持国家公园保护管理等设施建设，通过中央财政国家公园补助安排资金30亿

元，重点支持生态系统保护修复、运行管理、协调发展、科研和科普宣教等工作。出台《中央财政国家公园项目入库指南》，明确项目支持范围、方向、入库流程等。成立国家林业和草原局国家公园专家委员会，推动北京林业大学成立全国首家国家公园学院。

监测体系与感知系统建设　按照监测工作管理办法和技术指南，指导各国家公园开展监测体系建设，编制建设方案。完成5个国家公园感知系统的数据库更新和功能优化，提升感知系统展示效果和应用功能，并推进黄河口、钱江源—百山祖、卡拉麦里等国家公园候选区系统集成工作。持续推进感知系统分级应用，推动实现上下联动、互联互通。按季度开展国家公园地类变化遥感监测核实工作，加强国家公园监管。

专栏4　第二届国家公园论坛

2023 年 8 月 19 日，国家林业和草原局与青海省人民政府在西宁共同举办第二届国家公园论坛。论坛以“国家公园——万物和谐共生的美丽家园”为主题，邀请全国人大、全国政协、中央和国家机关有关部门，各省级林业和草原主管部门，各国家公园管理机构，驻华使节、有关非政府组织、社会组织、专家学者等国内外各界人士参加，共享国家公园建设宝贵经验，共商建设全世界最大的国家公园体系，推动国家公园高水平保护和高质量发展。举办旗舰物种与生物多样性保护、天空地监测与新技术应用、全民共享和文化品牌塑造 3 个分论坛，以及中国国家公园建设成果展、天空地监测与新技术应用展、美丽中国图片展、国家公园 3D 体验、自然文学和文创产品成果展等 5 个主题展览。发布首批国家公园总体规划、国家公园感知平台成果、《国家公园监测工作管理办法（试行）》《国家公园监测技术指南（试行）》《国家公园（中英文）》期刊首刊、中国国家公园标识等成果，向全世界全面展示国家公园建设丰硕成果，为全球生态保护贡献中国方案和中国智慧。

（二）自然保护区

印发《国家林业和草原局关于规范在森林和野生动物类型国家级自然保护区修筑设施审批管理的通知》，规范国家级自然保护区行政许可事项，延续委托各省开展该行政许可事项。研究自然保护区核心区、缓冲区在过渡期内相关支持政策，简化部分行政许可事项手续。加快国家级自然保护区规划审查审批，组织完成37处自然保护区实地考察，全年批复29个国家级自然保护区总体规划。办理国办批转的内蒙古大青山等2处国家级自然保护区范围调整事项，公布贵州大沙河国家级自然保护区面积、范围和功能区划。批复同意湖北木林子国家级自然保护区功能区调整方案。协调安排中央预算内投资6.5亿元、中央财政生态保护恢复资金18.5亿元，支持山西灵空山、内蒙古大青山等一批国家级自然保护区加强基础设施建设、提升管护能力。

（三）自然公园

印发《国家级自然公园管理办法（试行）》《国家级风景名胜区总体规划审查报批管理办法（试行）》。

风景名胜区 加快风景名胜区规划审查审批，增加国家级风景名胜区总体规划审查环节，同步组织技术审查、实地考察、部门征求意见等工作，并在浙江等9个省试运行规划线上审批平台系统，提升规划审查效率。完成29个国家级风景名胜区总体规划审查和5个国家级风景名胜区详细规划批复。

森林公园 组织修订行业标准《国家级森林公园总体规划规范》。批复12个国家级森林公园总体规划和2个国家级森林公园核准数据申请。开展总体规划审批事项下放省级林草主管部门监管工作，组建国家级森林公园专家库。组织举办2023年全国森林公园管理网络培训、生态旅游发展网络培训，培训学员近2000人。推进国家级森林公园感知系统建设。

湿地公园 组织专家组完成80处国家湿地公园试点验收、晋升及调整现场考察，其中，验收通过67处。组织修订《国家湿地公园总体规划导则》，指导国家湿地公园开展精细化管理。举办国家湿地公园建设管理培训班，对3700余名基层湿地管理人员进行培训。部署各省份编制国家湿地公园监测监控系统建设方案，形成全国国家湿地公园监测监控系统建设方案。

此外，组织完成“中国黄（渤）海候鸟栖息地（第二期）”和“巴丹吉林沙漠—沙山湖泊群”两个申遗项目模拟评估和预检。参加第45届联合国教科文组织世界遗产大会，积极搭建申遗项目单位与世界遗产中心、IUCN等国际组织沟通桥梁，配合处理涉我国世界遗产相关议题，推动三江并流遗产地保护状况报告顺利过审。启动重庆云阳和浙江常山2处世界地质公园申报。会同中国联合国教科文组织全国委员会秘书处等单位专题研究长白山世界地质公园申报项目涉外问题，加快推进申报创建。组织审定并向联合国教科文组织报送2023年度湖南湘西、安徽天柱山等6处世界地质公园再评估进展报告。

专栏5 自然保护地整合优化与监督管理

2023年，自然保护地整合优化与监督管理工作取得一定进展。

整合优化 2023年3月6日，与自然资源部办公厅、生态环境部办公厅联合印发《关于报送自然保护地整合优化方案的函》，要求各省级人民政府完善相关报送程序。会同自然资源部、生态环境部、农业农村部对各省级整合优化方案进行联审。《全国自然保护地整合优化方案》已经自然保护地整合优化领导小组通过，并报送自然资源部。

监督管理 一是持续加强国家级自然保护地监测，组织13批次国家级自然保护地人类活动遥感监测，实现陆海域全覆盖；向省级林草主管部门、国家公园管理机构和相关司局派发人类活动疑似问题点位2.8万个，印发《国家林业和草原局办公室关于做好国家级自然保护地人类活动遥感监测问题核实查处整改工作的通知》。二是跟踪督促重点问题整改，针对2022年黄河流域生态环境警示片反映问题、长江经济带和黄河流域涉自然保护地生态环境突出问题，实地调研督导，建立工作台账，压实地方责任，督促问题整改。三是开展联合执法专项行动，会同自然资源部、生态环境部开展违规侵占国家湿地公园等自然保护地问题排查整治专项行动；参加生态环境部、中国海警局等部门组织的“绿盾2023”“碧海2023”专项行动，查处涉自然保护地违规问题；按照全国违建别墅问题清查整治专项行动部际协调机制办公室统一部署，参加对云南石林风景名胜区清查整治专项行动。

E P33-40

资源保护

- 森林
- 草原
- 湿地
- 荒漠
- 野生动植物

资源保护

2023年，我国林地面积42.54亿亩，占国土面积的29.54%；草地面积39.67亿亩，占国土面积的27.55%；湿地面积8.45亿亩，占国土面积的5.87%；荒漠化土地面积38.61亿亩，占国土面积的26.81%；沙化土地面积25.32亿亩，占国土面积的17.58%；石漠化土地面积1.08亿亩，占国土面积的0.75%。我国现有脊椎动物8472种，野生植物约3.6万种，是世界上十二个生物多样性特别丰富的国家之一。

（一）森林

全年审核建设项目使用林地5.39万项，面积15.89万公顷；批准临时占用林地和直接为林业生产服务的工程设施使用林地4.04万项，面积13.27万公顷；收取森林植被恢复费329.39亿元。与2022年相比，项目数增加22.79%，面积增加6.19%，收取植被费减少15.06%。其中，全国各省审核审批建设项目使用林地9.32万项，面积23.25万公顷，收取森林植被恢复费215.43亿元；国家林业和草原局（含委托）审核建设项目使用林地1119项，面积5.92万公顷，收取森林植被恢复费113.96亿元。各省（自治区、直辖市）级林业草原主管部门办理完成涉林重大交通、能源、水利项目915项，使用林地20031公顷，办结率100%；办理保供煤矿项目92项，使用林地3799公顷。

印发《国家林业和草原局关于下达“十四五”期间林地定额的通知》，优化林地定额管理模式，一次性下达“十四五”期间占用林地定额。联合自然资源部印发《关于以第三次全国国土调查成果为基础明确林地管理边界 规范林地管理的通知》，明确认定林地管理边界和规范林地管理的基本要求。与自然资源部、国家能源局共同出台《关于支持光伏发电产业发展规范用地管理有关工作的通知》，进一步规范光伏电站项目使用林地。开展建设项目使用林地行政许可委托实施情况评估工作；开展建设项目使用林地“双随机、一公开”检查，共检查169个项目，对检查中发现的问题进行督查督办，确保问题整改到位。

天然林保护修复　落实中央财政投入资金581.96亿元，完成天然林抚育任务105.93万公顷。加强管护站点和智能化管护设施设备建设，实行管护责任协议书制度，组织开展全国天然林管护能力调查，初步摸清了全国23239个管护站点能力建设情况。

古树名木保护　首次落实中央财政资金5000万元，支持地方对衰弱濒危一级古树和名木实施抢救复壮项目。开发上线“全国古树名木智慧管理系统”。开展打击整治破坏古树名木违法犯罪活动“春风2023”专项行动，侦破典型案件53起，抓获犯罪嫌疑人118名，挽救、追回古树名木272株。联合国家文物局、住房和城乡建设部印发《关于加强全国重点文物保护单位内古树名木保护的通知》。联合公安部、住房和城乡建设部印发《关于协作配合健全防范打击破坏古树名木违法犯罪工作机制的意见》。扎实推动古树名木保护科普宣教工作，组织开展“双百”古树推选宣传活动，在全国推选出百棵最美古树、百个最美古树群，举办第二届全国古树名木保护科普宣传周，开展七夕“古树下的告白”等活动。

森林可持续经营 印发《全国森林可持续经营试点实施方案（2023—2025年）》，选取368个试点单位，完成试点任务18.07万公顷。印发《试点工作管理办法（试行）》《试点工作专家衔接机制（试行）》《试点实施方案（2023—2025年）编制提纲》《试点任务落地上图技术方案（试行）》《试点成效监测样地调查技术指南（试行）》等技术规定。召开全国森林可持续经营试点启动会、全国森林可持续经营试点现场推进会，组建全国森林可持续经营专家委员会。向社会推介森林可持续经营典型模式案例17个，建立森林可持续经营典型模式149种。

林木采伐 全国采伐限额使用12927.63万立方米，占年采伐限额的46.9%。其中，主伐使用9499.19万立方米，占主伐限额的63.3%。出台《深化林木采伐“放管服”改革十项便民举措》，促进林木采伐管理现代化和行政服务便利化。出台《重点林区林木采伐许可委托工作监管办法》，做好重点林区林木采伐许可证委托核发的监管工作。支持广西、广东等地开展人工商品林采伐改革，试行“告知承诺制+简易设计”审批。

森林资源监督 印发《国家林业和草原局关于进一步加强专员办管理的通知》，建立案件月报制度，规范监督通报报告制度。2023年，共督查督办案件4302起，办结3463起，办结率80.5%；收回林地10.44万亩，收缴罚款5.84亿元，追责问责2146人。向各省级人民政府提交监督通报，反映了121个突出问题，提出了141条意见建议，共有23个省（自治区、直辖市）总林长对监督通报作出批示，全力推动问题整改。

森林督查 持续开展森林督查，加密卫片判读频率，实现季度判读执法；挂牌督办12个县级地区，22起重点案件，集体约谈相关地市级人民政府负责同志。组织开展全国打击毁林毁草专项行动和三北地区林草湿荒资源综合执法专项行动，配合有关部委做好高尔夫球场、违建别墅等全国清查整治专项行动。紧盯媒体曝光、群众举报问题线索办理，下发查办通知和督办函42份。印发《国家林业和草原局关于配合做好耕地造林整改切实保护农民利益的通知》，积极应对耕地造林整改“一刀切”问题。

生态护林员 全国共计选聘各类生态护林员174.23万人。其中，中西部22个省份脱贫人口生态护林员近110万人。全国生态护林员保险覆盖率81.11%，其中，脱贫人口生态护林员保险覆盖率91.45%。全国有13.56万起火情、虫情和违法案件由生态护林员第一时间发现报告。与中华全国总工会中国农林水利气象工会联合印发《关于开展“助力乡村振兴 关爱生态护林员”专项行动的通知》，慰问困难生态护林员。湖南生态护林员黄蔚谷当选自然资源部“最美自然守护者”。福建、湖南、贵州、安徽、甘肃等地开展生态护林员表彰评选。

专栏6 林木采伐“减证便民”举措落实让办证更加便捷高效

湖南省浏阳市、浙江省松阳县和福建省三明市的典型做法被司法部列入“减证便民”典型案例，予以表彰通报。其中，“浏阳市小额林木采伐告知承诺制审批”案例，被司法部评为全国“减证便民”十大典型案例。

（一）林木采伐 APP

湖南省浏阳市林业局广泛推广“林木采伐 APP”，借助信息化手段推行告知承诺制，方便林农个人依法办理采伐许可证，免去了林农来回奔波的麻烦，只需在手机上操作轻松一点，就可以顺利完成申办林木采伐许可证。针对广大林农受教育程度不高的现实情况，浏阳市林业局印制大量浅显易学的“林业采伐 APP”操作指南和政策解读资料，深入全市各村（社区），面对面、手把手地教林农如何使用“林业采伐 APP”。与此同时，市级林业部门构建了以信用为基础的林木采伐监管机制，对诚实守信者实行激励机制，对弄虚作假者除依法追究违法违规责任外，还将记入失信者名单并录入采伐审批系统，将其作为严格审核和重点监管对象。

（二）林木采伐“最多跑一次”

浙江省松阳县将“林木采伐 APP”、全国林木采伐管理系统（浙江省 2.0）小额采伐告知承诺应用推广作为推进“数字林业”建设和林业“最多跑一次”改革深化提升的重要举措，让广大林农足不出户可以通过浙江省政务服务网、浙里办手机 APP 完成一般林木采伐许可在线办理，逐步实现“最多跑一次”向“一次都不用跑”转变。全面落实便民服务举措，大力推进网格代办服务，不仅帮助基层“银发族”跨越“数字鸿沟”，也让代办员实现最多跑一次。

（三）林木采伐“放权于民”

福建省三明市为了放权于民，采伐人工商品林蓄积量不超过 30 立方米的，只需要在申请表上填明采伐地点、树种、蓄积量等信息并签字承诺真实可信，可由林业站“一站式”服务办理采伐审批手续。这不仅减免了原先几百元的调查设计费用，而且审批程序进一步简化，办证时间大幅缩短，切实解决了林农零星用材伐区调查设计费用高以及“办证难、办证繁、办证慢”的问题。同时，应用“福建省林长制智慧平台”推进采伐审批工作，让村级林长参与到本村林业生产经营管理事务中去，把林木采伐处置权还于林农，让林农真正得到便利和实惠，初步实现林农“自主”采伐林木。

（二）草原

草原保护 全国安排中央预算内投资39.6亿元、中央财政资金43亿元，完成退化草原修复治理437.87万公顷。开展基本草原划定，内蒙古、河北完成基本草原划定和调整工作，实现0.5亿公顷基本草原落地上图；西藏、云南、青海、宁夏全面启动基本草原划定；湖南、辽宁开展基本草原划定和数字化监管试点。草原禁牧面积0.86亿公顷、草畜平衡面积1.82亿公顷。

征占用管理 全国审核审批草原征占用项目9580项，比2022年增加3708项；占用草原面积7.26万公顷，比2022年增加0.39万公顷；征收草原植被恢复费17.4亿元，比2022年减少1.2亿元。联合自然资源部、国家能源局印发《关于支持光伏发电产业发展规范用地管理有关工作的通知》，印发《国家林业和草原局办公室关于支持光伏发电产业发展 规范使用草原有关工作的通知》。

执法监督 开展草原变化图斑判读和核查处置，完善草原变化图斑核查处置工作方案和技术方案，下达5期草原变化图斑，指导督促各省（自治区）推进违法违规行为整改和销号。开展全国打击毁林毁草专项行动，挂牌督办6起破坏草原案件，对破坏草原问题突出的典型县进行约谈，并选择2个典型县进行全程跟踪督办。加强草原执法监管和督导，及时遏制锂矿开发、砂石开采等擅自将基本草原调整为非基本草原或非草地的行为。结合林长制督查考核，开展云南、西藏、黑龙江、青海省4个省（自治区）草原资源保护管理专项督查。印发《关于组织开展2023年草原普法宣传月活动的通知》。

监测评估 开展草原年度监测，完成国家控制样地2万个、样线6.01万条、样方12.18万个。全面开展草原基本情况监测，组织区划小班约3350万个，建立草原基础数据档案图库。开展全国草原健康与退化评估，印发《国家林业和草原局办公室关于开展首次全国草原健康和退化评估工作的通知》，完成首批11个省（自治区）草原健康和退化评估。

资源科学合理利用 联合国家文物局在四川红原县召开“红色草原”保护利用现场会，与国家文物局办公室联合印发《关于建好红色草原协同推进革命文物与草原生态保护的通知》，统筹推进红色草原建设。总结“红色草原”保护利用成效，加大投入力度，讲好红绿资源融合发展好故事。依托“红色资源”优势，大力发展红色旅游、草原民族民俗文化体验、草原特色生态产业等，丰富文化和生态产品供给，以绿色发展促进红色资源保护传承，以红色资源赋能草原地区高质量发展和生态文明建设。

（三）湿地

保护修复 实施湿地保护与修复重大工程14处，安排地方湿地生态保护补偿项目48个、湿地保护与恢复项目91个，组织开展全国湿地保护修复项目培训班和抽样摸底工作。完成国民经济社会发展“十四五”规划纲要102项工程和

“十四五”林业草原发展规划纲要中湿地内容中期评估。组织开展《红树林保护修复专项行动计划》中期评估，至2023年7月，全国已完成红树林营造4656公顷，修复4752公顷。组织开展湖南南洞庭湖、甘肃敦煌西湖国际重要湿地修复方案核对。出台《小微湿地保护与管理规范》等国家标准2个、《湿地生态修复技术规程》等行业标准5个。

调查监测 完善全国湿地矢量数据库基础信息。组织开展国际重要湿地和国家重要湿地生态状况监测，形成《2023年中国国际重要湿地生态状况》白皮书和《2023年中国国家重要湿地生态状况》白皮书。联合自然资源部中国地质调查局继续开展泥炭沼泽碳库调查。

监督管理 配合全国人大常委会执法检查组开展《中华人民共和国湿地保护法》执法检查，指导5个省份完成制（修）订省级湿地保护法规。完成2023年林长制考核湿地评分，组织开展陕西、宁夏林长制督查。组织开展2023年度全国国际重要湿地、国家重要湿地、国家湿地公园卫片判读工作，督促指导地方对疑似问题进行核实，对发现问题进行整改，下发问题点位1133个，整改到位率为97.8%。对安徽涉湿问题进行现场调查核实，督导其完成整改。

名录发布 发布新一批国家重要湿地29处（表3），国家重要湿地现增至58处。指导各地完善省级重要湿地管理办法或标准，新发布省级重要湿地50处，截至2023年，全国共有省级重要湿地1122处。新指定国际重要湿地18处，国际重要湿地现增至82处。

表3 新一批国家重要湿地名录

序号	名称	序号	名称
1	天津市武清区大黄堡国家重要湿地	16	云南省香格里拉市千湖山国家重要湿地
2	山西省洪洞县汾河国家重要湿地	17	云南省大理市洱海国家重要湿地
3	内蒙古自治区巴彦淖尔市乌梁素海国家重要湿地	18	西藏自治区拉萨市城关区拉鲁国家重要湿地
4	上海市浦东新区九段沙国家重要湿地	19	西藏自治区贡觉县拉妥国家重要湿地
5	浙江省宁波前湾新区杭州湾国家重要湿地	20	西藏自治区日土县班公错国家重要湿地
6	浙江省龙港市新美洲红树林国家重要湿地	21	陕西省神木市红碱淖国家重要湿地
7	山东省潍坊市寒亭区禹王国家重要湿地	22	青海省曲麻莱县德曲源国家重要湿地
8	湖北省天门市张家湖国家重要湿地	23	青海省泽库县泽曲国家重要湿地
9	湖北省十堰市郧阳区郧阳湖国家重要湿地	24	青海省乌兰县都兰湖国家重要湿地
10	湖北省竹山县圣水湖国家重要湿地	25	宁夏回族自治区银川市鸣翠湖国家重要湿地
11	广东省南雄市孔江国家重要湿地	26	黑龙江大兴安岭阿木尔国家重要湿地
12	广西壮族自治区横州市西津国家重要湿地	27	黑龙江大兴安岭砍都河国家重要湿地
13	重庆市黔江区阿蓬江国家重要湿地	28	黑龙江大兴安岭呼中呼玛河源国家重要湿地
14	重庆市巫山县大昌湖国家重要湿地	29	黑龙江大兴安岭漠河大林河国家重要湿地
15	云南省香格里拉市千湖山国家重要湿地		

（四）荒漠

总体情况 制定印发《〈全国防沙治沙规划（2021—2030年）〉重点任务分工方案》。完成沙化土地治理任务190.42万公顷，石漠化综合治理任务41.75万公顷。指导各省编制省级防沙治沙规划，会同农业农村部、水利部、自然资源部、生态环境部审批省级防沙治沙规划19个。与12个沙化重点省（自治区）签订《“十四五”防沙治沙目标责任书》。安排中央预算内资金8000万元，重点支持新疆、甘肃、陕西、宁夏、山西、辽宁等省（自治区）14个全国防沙治沙示范区建设。开展中国北方地区及蒙古国的植被生长状况及干湿状况动态监测，支撑沙尘天气预测趋势会商。修订《国家沙化土地封禁保护区管理办法》。截至2023年，累计安排财政资金23.55亿元，建设封禁保护区121个，封禁保护面积达186.2万公顷。安排年度沙化土地封禁保护补助补偿2亿元，续建5个封禁保护区，实施封禁保护补偿面积148.32万公顷。组织甘肃、新疆、西藏等省（自治区）申报新建封禁保护区8个。

（五）野生动植物

保护恢复 印发《关于做好〈野生动物保护法〉贯彻实施有关工作的通知》《陆生野生动物重要栖息地评估认定暂行办法》。调整、公布《有重要生态、科学、社会价值的陆生野生动物名录》，共收录野生动物1924种；发布首批《陆生野生动物重要栖息地名录》，共789处，遍布31个省（自治区、直辖市），覆盖565种国家重点保护野生动物。编制《野生植物保护领域标准体系》，成立野生植物保护领域专家咨询委员会。印发《关于开展全面加强鸟类保护专项治理行动的通知》，开展全面加强鸟类保护专项治理行动。印发《国家林业和草原局办公室关于甘草和麻黄草采集管理工作的通知》，调整优化甘草和麻黄草采集管理政策。

珍稀濒危野生动植物保护 印发《陆生野生动物监测技术指南（试行）》，加强旗舰物种保护研究中心建设，成立麋鹿国家保护研究中心；指导各地做好雪豹、朱鹮等收容救护、放归自然工作；推动贺兰山雪豹野外种群恢复并初步构建雪豹小种群；遴选第一批拟建“濒危野生植物扩繁和迁地保护研究中心”名单，逐步构建我国野生植物迁地保护网络；指导各地组织实施50种极度濒危野生植物和100种极小种群野生植物拯救性保护。

国家植物园建设 会同住房和城乡建设部等联合印发《国家植物园体系布局方案》，编制印发《国家植物园设立规范（试行）》《国家植物园创建、设立和建设工作程序（试行）》，成立国家植物园体系建设专家委员会，持续推动中国国家植物园、华南国家植物园建设。

大熊猫保护管理 强化国际合作监督管理，修订大熊猫国际合作相关管理规定和技术标准，完成对境外19个国家23家合作机构实地检查评估工作，实现旅外大熊猫健康评估全覆盖；研究制定2023年旅外大熊猫接返计划，稳妥顺利接回协议到期和幼仔到龄大熊猫17只。加强国内保护与科研，组建大熊猫国家保护研究中心，成立大熊猫国家保护研究中心学术委员会，设立大熊猫保护国家创新联盟，建设国家林业和草原局大熊猫重点实验室，部署重大攻关科研课题；制定印发《2023年度全国大熊猫优化繁育配对方案》，对国内63家大熊猫科普展示交流合作单位开展实地评估检查，督促落实整改要求。

执法监管 联合中央网络安全和信息化委员会办公室、中共中央政法委员会、公安部、海关总署、农业农村部等多个部门开展“2023清风行动”和“网盾行动”，严惩破坏野生动植物资源的违法犯罪行为。召开防范和打击网络非法野生动植物交易工作组第二次会议，联合农业农村部、公安部、交通运输部等10个部门印发《关于加强野生动物及其制品交易和运输管理工作的通知》。配合市场监管总局和邮政局分别印发《关于进一步加强网络野生动植物非法贸易防范工作的通知》和《平安寄递专项行动方案》。

专栏7 林草生态综合监测

2023年，自然资源部、国家林业和草原局联合印发《自然资源部 国家林业和草原局关于开展2023年全国森林、草原、湿地调查监测工作的通知》（自然资发〔2023〕78号）、《自然资源部办公厅 国家林业和草原局办公室关于进一步明确森林、草原、湿地调查监测工作中林地地类认定有关事项的通知》（自然资办发〔2023〕40号），共同组织开展年度森林、草原、湿地调查监测，国家林业和草原局负责继续组织实施林草湿调查监测，统筹推进荒漠化沙化石漠化、林草碳汇、国家级公益林等监测。印发《全国林草生态综合监测技术方案》《全国林草生态综合监测技术规程（试行）》，统一林草湿荒调查监测技术标准，逐步完善调查监测技术体系。共完成全国8.55万个林草湿荒样地调查任务，汇总完成全国3163个县级单位的图斑数据。开展森林覆盖率统计口径调研，对14个省现地调研，对其他17个省书面调研，根据调研掌握的主要情况，结合各省实际，进一步优化完善森林覆盖率统计口径。

F

P41-45

灾害防控

- 火灾防控
- 有害生物防治
- 野生动物致害防控
- 沙尘暴灾害防控
- 外来入侵物种管控

灾害防控

（一）火灾防控

2023年，全国共发生森林火灾328起，受害森林面积4135公顷，因灾伤亡5人（其中，死亡2人），与2022年相比，森林火灾次数、受害面积、因灾伤亡人数分别下降53.74%、39.67%和88.64%。全国共发生草原火灾15起（其中，特大火灾1起），受害面积14.34万公顷，因灾死亡1人；与2022年相比，草原火灾次数减少6起，受害面积增加44倍。

制度体系建设 印发《贯彻落实〈关于全面加强新形势下森林草原防灭火工作的意见〉重点任务分工方案》《国家林业和草原局2023年森林草原防火包片蹲点工作方案》《国家林业和草原局森林草原防火司森林草原防火包片蹲点工作办法（试行）》《国家林业和草原局办公室关于建立森林草原违法违规野外用火举报奖励机制的通知》。

防控举措 组织召开4次全国林草系统森林草原防火工作电视电话会议，组织开展森林草原防火视频调度达20余次，组织召开华北、西南、华中、西北、大兴安岭林区等五大片区森林草原防火联席会议，向9个省（自治区）发送火源管控和火灾隐患建议函或提示函；联合开展森林草原火灾隐患排查整治和查处违规用火行为专项行动，组织召开全国林草系统推进森林草原防火高质量发展工作会议；首次将防火重点工作列入林长制督查考核，对8个省（自治区）进行督查；全年共向20个省（自治区）派出38个包片蹲点工作组，累计149人次，走访631个基层单位，整改隐患153处。强化火情早期处理，建立防火高级专家组，科学分析研判火险形势，下发45期火险趋势分析报告，指导重点火险地区因险设防、提前部署。

能力建设 落实林草系统中央预算内防火投资21.11亿元，实施各类防火项目135个；争取400亿国债项目支持森林草原防火道路及阻隔系统建设；实施森林雷击火防控科技攻关项目二期工程，初步建成全国重点林区雷电探测网和火险监测网；举办首届全国林草行业森林消防员职业技能竞赛。

（二）有害生物防治

1. 林业有害生物防治

全国林业有害生物发生面积1092.30万公顷，比2022年下降7.99%；林业有害生物防治面积912.95万公顷（表4）。中央财政有害生物防治补助资金增加到20.5亿元；中央预算内投资增加至2.5亿元。

松材线虫病 疫情发生面积122.27万公顷，同比下降19.11%，病死（含枯

表4　2023年度林业有害生物发生防治情况

指标	林业有害生物	森林病害	森林虫害	森林鼠害	林业有害植物
发生面积（万公顷）	1092.30	225.04	677.70	171.80	17.76
发生率（%）	4.34	0.96	2.67	0.84	0.12
累积防治面积（万公顷次）	912.95	186.23	579.19	135.56	11.97
防治率（%）	83.58	82.76	85.46	78.91	67.37
无公害防治率（%）	94.40	91.51	95.03	96.08	89.30

专栏8　2023年松材线虫病防治情况

松材线虫病是松树萎蔫病的俗名，是一种典型的系统侵染性病害。病原松材线虫侵染松树后，会引起松树维管系统失去水分疏导功能，导致松树快速萎蔫死亡。松材线虫病自1982年在我国首次发生以来，疫情不断扩展蔓延，造成松树大量死亡，成为近几十年来我国发生最严重、最危险的重大林业病害。

2023年，扎实推进松材线虫病疫情防控攻坚行动（2021—2025年），全年拔除44个县级疫区，县级疫区净减少38个。将松材线虫病纳入林长制督查考核，每季度向省级总林长通报防控情况，将松材线虫病疫情防控写入《最高人民检察院 国家林业和草原局关于建立健全林草行政执法与检察公益诉讼协作机制的意见》，多措并举推动落实防控责任。依托林草生态感知网络，疫情监测和疫木除治精准到小班。建立疫情有奖举报制度，加强卫星遥感监测和数据核实核查。支持浙江永康、江西庐山、湖南浏阳开展国家级松材线虫病防治试点，分别打造山区、重点生态区、丘陵地区防控样板。组织开展深入黄山、庐山、武夷山等8个重点区域蹲点指导。中央投入15亿元，重点支持松材线虫病疫情预防治理和防控能力提升。聚焦松材线虫病防治药剂攻关，启动国家林业和草原局第二期“揭榜挂帅”项目。

死、濒死）松树759.86万株，同比下降26.97%。全年松材线虫病新增6个县级疫区，公告撤销44个县级疫区，全国县级疫区总量由701个减少至663个。云南省实现全省无松材线虫病疫情。全国县级疫区、乡级疫点、发生面积和病死树数量实现“四下降”，疫情严重危害和快速扩散态势得到扭转。优化松材线虫病疫情防控监管系统，打通系统采集端与展示端，实现数据互联互通；支持安徽省建设“松材线虫预防与控制技术”重点实验室；开展松材线虫等重点领域专利分析研究。

美国白蛾 累计发生面积62.19万公顷，同比下降8.08%，发生面积连续6年下降。疫情扩散势头趋缓，整体轻度发生，华北平原、黄淮下游局部地区中重度发生。2023年，无新增美国白蛾县级疫区，公告撤销5个县级疫区，全国县级疫区总量607个。陕西实现全省无美国白蛾疫情。

互花米草 完成全国互花米草调查，共有互花米草8.2万公顷，形成互花米草数据库和“一张图”。完成年度防治任务3.47万公顷。分别在福建省宁德市、山东省东营市召开全国互花米草防治工作现场会，指导各省编制省级专项行动计划实施方案。启动“互花米草可持续治理技术研发”应急揭榜挂帅项目，形成《互花米草综合防治技术指南（征求意见稿）》。

林业鼠（兔）害 发生面积171.80万公顷，同比下降2.94%。

2. 草原有害生物防治

全国草原有害生物防控资金投入5.17亿元，其中，草原鼠害投入2.94亿元、草原虫害投入1.64亿元，合计4.58亿元，草原有害植物投入0.59亿元。据统计，2023年挽回鲜草损失共369.72万吨，折合人民币28.05亿元，投入产出比达1∶5.42。全国草原有害生物防治面积905.5万公顷，成灾率为6.30%。

草原鼠害 草原鼠害防治面积537.5万公顷，同比减少45.22%，其中，生物药剂防治面积0.53亿亩，招鹰控鼠面积606.78万亩，化学防治面积859.66万亩，物理防治面积0.12亿亩。绿色防治面积0.72亿亩，同比增加8.30%，绿色防治比例89.34%。此外，各省草原鼠害持续控制面积907.76万亩。

草原虫害 草原虫害防治面积为343.03万公顷，同比减少5.61%，绿色防治面积0.46亿亩，绿色防治比例90.26%。

草原有害植物 草原有害植物防治面积24.9万公顷，同比减少36.17%，其中，本土毒害草防治以狼毒为主，外来入侵植物防治以刺萼龙葵为主。

（三）野生动物致害防控

野生动物致害防控 我国现有野猪约200万头，广泛分布于全国28个省份，已在26个省份形成危害，江苏、宁夏等省（自治区）野猪平均密度超过每平方千米1.4头，部分地区野猪密度可达每平方千米5.38头，野猪致害问题频发。继续推进野猪等野生动物致害防控工作，指导各地开展防控野猪危害综合试点成效评估。进一步完善野猪等陆生野生动物致害防控工作方案，再次征求中央农村工作领导小组办公室等22个部门意见，按程序呈报国务院。

野生动物疫情、疫源疫病防控处置 制定印发《病死陆生野生动物无害化处理管理办法》，会同农业农村部联合印发《〈野生动物检疫办法〉公告》，健全完善野生动物疫源疫病监测防控制度。通过林长制考核等措施，进一步压实各级陆生野生动物疫源疫病监测站野外监测巡护职责，编发《野生动物疫源疫病监测信息报告》365期，妥善处置野生动物异常情况85起，科学应对野生动物疫情1起，有效阻断疫病扩散传播风险。在全国野生动物集中分布区等高风险区域组织开展禽流感、非洲猪瘟等重点野生动物疫病主动监测预警，并首次将鸟类环志计划与主动监测预警工作相结合，全年在野生动物主要集中分布区、边境等地区采集样本近3万份。

（四）沙尘暴灾害防控

我国北方地区春季共发生13次沙尘天气过程。其中，浮尘、扬沙天气8次，沙尘暴3次，强沙尘暴2次。

防控举措 联合中国气象局对2023年春季沙尘天气趋势进行会商，将会商结果上报国务院。印发《国家林业和草原局关于认真做好2023年沙尘暴灾害应急处置工作的通知》，实时监测分析研判沙尘天气发生发展过程及其灾害情况。3—5月，沙尘暴地面监测站报送沙尘照片和微视频1958个，接收沙尘观测报送信息938条，各级沙尘暴信息员通过短信平台发送沙尘预警及监测信息1万多条。召开2023年度总结研讨会，总结分析2023年春季沙尘天气特征和成因，形成《关于2023年春季我国沙尘天气及应急处置工作情况的报告》。继续执行沙尘暴应急工作周报、专报和急报制度。

（五）外来入侵物种管控

外来入侵物种管控 印发《进一步加强外来物种入侵防控工作方案》，开展林草外来入侵物种调查和评价技术研究。基本完成外来物种普查工作，累计投入普查人员87.98万人次、资金7.98亿元，完成踏查路线里程494.08万千米，覆盖面积10137.73万公顷。会同农业农村部等5个部门印发《加强外来物种侵害防治2023年工作要点》，坚决防治外来物种侵害。完善林草系统监测预警体系。在入侵高风险区域布设200个外来入侵物种国家级监测站点。会同农业农村部等6个部门印发《关于做好外来入侵物种普查数据汇交工作的通知》。

生物安全管理 全年受理林木转基因行政许可申请40件，下发许可通知40份。对中国林业科学研究院等单位的30项申请事项进行了安全性评价。组织实施林草资源遗传多样性调查与评价项目13项。

G

P47-51

制度与改革

- 林长制
- 改革

制度与改革

（一）林长制

截至2023年底，初步形成省市县乡村五级林长组织体系，各级林长近120万名。

制度建设 自2020年全国全面推行林长制以来，各省（自治区、直辖市）党委政府高位推动，逐步建立起上下衔接、系统完备的组织体系和保障有力、运行有效的长效机制，呈现出全面铺开、运行有序、整体见效的良好局面。各级林长以上率下、亲力亲为，各地结合实际不断完善总林长令、林长巡林等多项制度，全面压实各级林长责任。与中共中央组织部共同举办推进林长制专题研究班，成功举办首届林长制论坛。江西省发布全国首部林长制省级地方标准《林长制工作规范》，安徽、河北、重庆、湖北、湖南等省（直辖市）出台相关文件，进一步推进林长制规范化、标准化、制度化运行。

各地创新 国家林业和草原局向省级总林长发送各类通报、提示函、建议函15件，各省（自治区、直辖市）发布省级总林长令34道，解决重点难点问题32个，初步形成林长统筹协调、部门齐抓共管、社会广泛参与的工作格局，合力解决林草领域的重点难点问题。各地多措并举深化林长制改革，各森工（林业）集团建立企业林长制度，加强管护队伍建设，实行网格化管理，进一步压实各方责任；山西省创新"河湖长+林长+"工作机制，广东省各部门深入推进"绿美广东大行动"，内蒙古自治区政府授权森林公安行使林草行政处罚权，华北、西南、华中等区域建立森林草原防火联防联控协作机制，各地着力抓好乡镇林业站和生态护林员队伍"两大建设"，全国恢复乡镇林业站1800多个。

督查考核 按照中央统筹规范督查检查考核有关要求，组织实施2023年林长制督查考核工作，对20个省及新疆生产建设兵团开展林长制实地督查，并对全国31个省及新疆生产建设兵团进行考核评价。按照国家林业和草原局与财政部联合印发《林长制激励措施实施办法（试行）》有关要求，组织开展2022年度林长制激励地方评选工作，河北省承德市、浙江省长兴县、安徽省滁州市、福建省三明市、江西省抚州市、湖南省岳阳县、广东省平远县、贵州省江口县等4个市4个县获2022年度国务院激励。

（二）改革

1. 集体林权制度改革

截至2023年，集体林森林面积21.83亿亩，森林蓄积量93.32亿立方米，林权抵押贷款余额约1400亿元，集体林业带动当地农民就业人数超过4000万人。

专栏9 江西省持续深化林长制改革

自2018年全面推行林长制以来，江西省始终坚持高位推动，以压实各级党政领导保护发展林业资源主体责任为关键，以强化林业资源网格化源头管理为基础，不断健全工作机制，持续完善工作措施，推动林长制走深走实。抚州市2022年度林长制工作获国务院激励，成功举办首届林长制论坛，武宁县长水村被确定为全国林长制现场教学基地。

坚持高位推动，压实各级林长责任 省委书记、省长分别担任省级总林长、副总林长，每年召开省级总林长会议、签发总林长令，对林长制工作亲自谋划、高位推动。全省各级林长严格按照《江西省林长制条例》规定，执行林长巡林制度，对责任区域林长制工作开展督导、检查，协调解决重大问题。

坚持网格化管理，提升林业基层治理能力 牢牢抓住基层源头这个关键环节，在完成森林资源管护网格划分、整合林业基层管护力量建立“一长两员”源头管理机制、全面实行森林资源网格化源头管理的基础上，通过完善管理手段，着力在强化“一长两员”基层管护队伍履职能力上下功夫。全省护林员上报林业资源变化事件达74580起，已处置70567起，事件处置率达94.62%。

坚持统筹协调，完善林长制协同工作体系 出台全国首个林长制工作省级地方标准《林长制工作规范》，进一步强化各级党委政府保护发展林业资源的主体责任，指导和规范全省各级林长制工作。积极创新完善“林长+”工作机制，大力推广“林长+基地（项目）”“林长+公安局长+检察长”等做法，采取设立“民间林长”、聘请人大代表为监督员等方式，积极引导全社会力量参与林长制工作。开展湘赣边区域林长制交流合作，积极探索林长制区域协作机制。

坚持数字赋能，推动林长制信息化再升级 对林长制巡护信息系统进行升级完善，新建集“数字林长”与“赣林通”两个APP和一个“赣林码上通”于一体的林长制数字管理平台。数字管理平台与林草生态网络感知系统相衔接，实现了全省林长制工作数据省市县互联互通，做到了林长制工作省市县三级一个平台监管、一个平台发布，以数字化驱动林长制创新升级。

改革进展 中共中央办公厅、国务院办公厅印发《深化集体林权制度改革方案》，明确深化集体林权制度改革的总体要求。与自然资源部办公厅联合印发《关于强化业务协同 加快推进林权登记资料移交数据整合和信息共享的通知》，加强林权类不动产登记与林业管理有效衔接，提升林权登记便利化、规范化服务水平；印发《全国森林可持续经营试点实施方案（2023—2025年）》，在8个省布局38个集体所有制单位开展森林可持续经营试点；会同农业农村部等10个部门联合印发《农村产权流转交易规范化试点工作方案》，将林权交易纳入试点范围；与自然资源部办公厅联合印发《关于清理规范林权确权登记历史遗留问题的指导意见》，推动妥善化解历史遗留问题，切实保护林农和林业经营者的合法权益；打造200个服务集体林权制度改革试点类型林场。召开深化集体林权制度改革电视电话会议，举办深化集体林权制度改革专题培训班。落实《深化集体林权制度改革方案》要求，指导福建、江西、重庆启动深化集体林权制度改革先行区建设。扎实推进全国林业改革发展综合试点工作，

专栏10 《深化集体林权制度改革方案》解读

《深化集体林权制度改革方案》(以下简称《方案》)是党的二十大以来，中央关于林业改革发展出台的第一个重要文件，擘画了新时代新征程深化集体林权制度改革的新蓝图新愿景，对于推动林业高质量发展、建设人与自然和谐共生的中国式现代化，具有十分重要的意义。

《方案》通篇贯穿了习近平生态文明思想，明确了深化集体林权制度改革的总体要求，提出了8项主要任务，以及4个方面的保障措施。概括起来讲，就是重点围绕“稳、活、融、试”4个字，对深化集体林改作了系统部署。

一是坚持稳字当头。牢牢把稳改革方向，稳步深化探索。巩固和完善农村基本经营制度，保持集体林地承包关系稳定并长久不变，让林农真正吃下长效“定心丸”。二是聚焦激发活力。放活林地经营权，引导林权流转，培育规模经营主体。盘活森林资源资产，畅通林权融资渠道，引入金融“活水”。完善森林经营管理制度，实施兴林富民行动，让林区焕发出新的生机。三是突出融合发展。推进森林资源节约集约循环利用，打通生态产品价值实现路径，推动资源管理和产业发展相融相长，实现高质量发展和高水平保护深度融合、绿水青山和金山银山有效转化、生态美和百姓富有机统一。四是支持先行先试。尊重群众首创精神，鼓励地方和基层积极探索。支持福建、江西、重庆建设深化集体林权制度改革先行区，精耕细作一批改革“试验田”，为全国深化集体林权制度改革探路子、做示范、立标杆。

指导福建三明、江西抚州等6个试点市开展阶段性总结，增加浙江衢州为试点市。支持浙江丽水开展全国林业改革发展推进林区共同富裕市试点。

2. 草原改革

草原保护发展综合改革试验区建设 在内蒙古、西藏、青海启动局省草原保护发展综合改革试验区建设，印发《国家林业和草原局关于共建草原保护发展综合改革试验区的函》，联合3个省（自治区）人民政府分别印发实施方案。

“其他草地”按照农用地管理 自然资源部修订并印发《国土空间调查、规划、用途管制用地用海分类指南》，明确草地继续作为一级地类细分天然牧草地、人工牧草地和其他草地，并全部对应为农用地。明确 “其他草地” 全部按照农用地管理，这理顺了“其他草地”管理问题，实现了土地分类标准与《中华人民共和国土地管理法》《中华人民共和国草原法》的有效衔接，对规范草原管理、推动草原治理体系和治理能力现代化具有历史性意义。

国有草场试点 召开国有草场试点建设启动会。首批开展试点建设的内蒙古乌拉盖管理区等18处国有草场面积约54.1万公顷，涉及产业包含草种繁育、生态修复等传统保护修复产业，以及优质高产人工草地、草原生态特色养殖及草原文旅等新业态。

专栏11 各地深化集体林权制度改革先行先试情况

各地坚持问题导向和目标导向，因地制宜开展先行先试，探索形成了一批好经验好做法，持续创新集体林权制度，释放集体林业发展活力。例如，福建省南平市创新推出“四个一”（“一村一平台、一户一股权、一年一分红、一县一数库”）林业股份合作经营模式，将分散的林地资源规模化整合、集约化经营，交由国有林场等专业化队伍运营，让林农获得持续稳定的收益。福建省三明市出台告知承诺制采伐管理制度，在沙县区开展集体人工商品林按面积审批采伐试点，解决采伐审批“繁、慢、难”问题。江西省抚州市开展林地承包经营权延期试点，通过签订延期承包经营合同,让林业经营者吃下长效“定心丸”。浙江省丽水市实施“五富”工程，推进林权改革聚富、生态管护育富、产业发展造富、森林碳汇增富、整体智治筑富,拓宽林区共同富裕实现路径。安徽省宁国市开展“小山变大山”改革，以村组为单位，通过托管、转包、互换、租赁等形式，整合分散林地，推动适度规模经营。广西壮族自治区引导国有林业企事业单位投资入股，组建林权收储担保股份有限公司，开展林权尽职调查、林权评估以及兜底收储等服务，助推金融资本和社会资本进山入林。

H

P53-56

投资融资

- 林草投资
- 资金管理
- 金融创新

投资融资

2023年，中央林业草原转移支付资金投入约1067亿元，林草中央预算内投资299.23亿元，财政拨款65.84亿元。

（一）林草投资

我国林草资金来源包括中央资金、地方资金、国内贷款、利用外资、自筹资金及其他社会资金。

投资完成 全国林草投资完成3642.06亿元，与2022年基本持平。其中，国家资金（中央资金和地方资金）2407.95亿元，占林草投资完成额的66.12%；国内贷款等社会资金1234.11亿元，占林草投资完成额的33.88%（表5）。中央资金中，中央预算内投资277.61亿元，占全部中央资金的22.23%；中央财政资金971亿元，占77.77%。

表5 2023年林草生态建设投资来源

林草投资完成额	金额（亿元）	占比（%）
合计	3642.06	100.00
中央资金	1248.64	34.28
地方资金	1159.31	31.83
国内贷款	237.82	6.53
利用外资	4.18	0.11
自筹资金	512.64	14.08
其他社会资金	479.47	13.17

资金使用 我国林草资金主要用于生态保护修复、森林经营、林业草原服务保障与公共管理以及其他等。2023年，全国生态修复治理投资完成879.67亿元，主要包括造林、草原保护修复、湿地保护修复和荒漠化治理，占全部投资完成额的24.15%，主要来自中央资金和地方资金，两者合计占生态修复治理投资完成额的70.60%（图2）。森林经营投资完成545.54亿元，占全部投资完成额的14.98%，主要来自中央资金和自筹资金，两者合计占森林经营投资完成额的52.70%。林业草原服务保障和公共管理投资完成228.04亿元，主要包括林草有害生物防治、林草防火、自然保护地管理和监测、生物多样性保护，占全部投资完成额的6.26%，主要来自中央资金和地方资金。其他投资完成1988.81亿元，占全部投资完成额的54.61%，主要来自中央资金和地方资金。

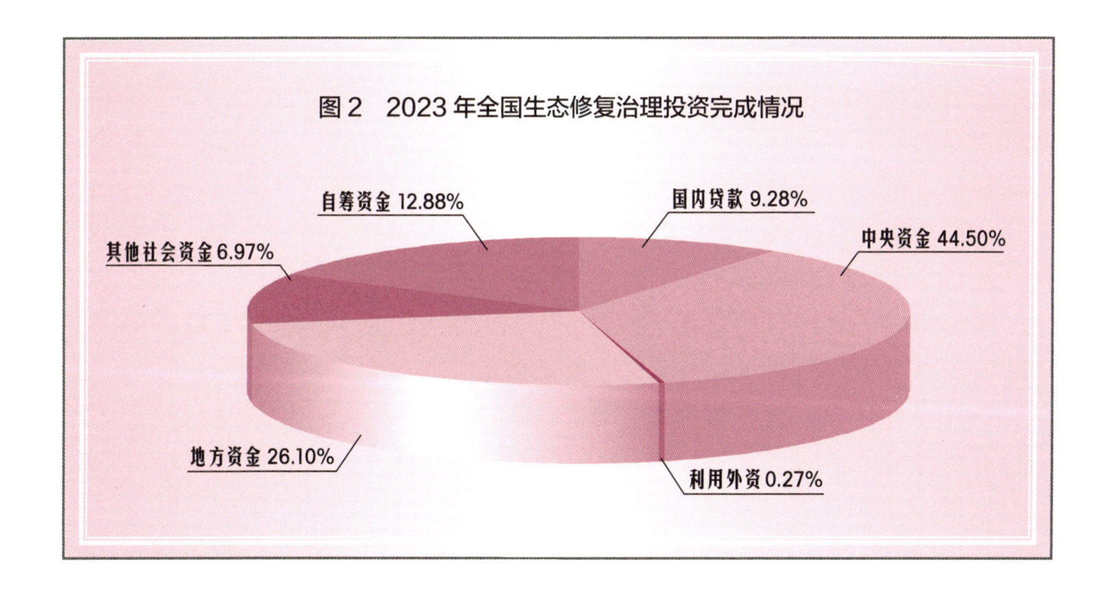

图 2　2023 年全国生态修复治理投资完成情况

（二）资金管理

制度建设　会同财政部先后印发《关于实施中央财政油茶产业发展奖补政策的通知》《中央财政国家公园和林业草原项目入库指南》。印发《关于加强中央财政国家公园和林业草原项目储备管理的通知》《中央财政林业草原项目储备管理工作规则》《关于进一步高质量推动国家储备林建设的通知》《关于进一步规范政府采购各环节管理工作的通知》。修订并印发《林业和草原建设项目可行性研究报告编制实施细则》《林业和草原建设项目初步设计编制实施细则》《林业和草原建设项目可行性研究报告审核实施细则》《林业和草原建设项目初步设计审核实施细则》。

审计督查　出台《审计台账管理暂行办法》，修订《审计工作操作规范》。完成17家单位经责审计，重点审计资金约39.89亿元，为国家林业和草原局干部管理提供支撑保障。完成三江源、武夷山、大熊猫、海南热带雨林4个国家公园专项审计，审计资金总额共计33.97亿元，提出13条整改措施，并督导审计发现的问题全部完成整改。对33家直属单位2021—2023年480个问题整改情况进行重点督查，督促完成整改446个，促进相关单位建章立制939项。

（三）金融创新

政策体系　与中国银行签署《共同加强荒漠化综合防治和推进“三北”等重点生态工程建设战略合作》。与中国农业银行签署《战略合作协议》，指导农业银行出台油茶产业发展专项信贷政策，加大油茶种植、收购、加工、仓储、销售等环节信贷投放。组织“三北”工程13个省（自治区、直辖市）、新疆生产建设兵团林草主管部门和相关金融机构，谋划符合金融资本支持条件的“防沙治沙+”项目。协调财政部明确国家开发银行和中国农业发展银行可在第二类开发性业务和政策性业务中支持“三北”工程项目建设，并享受优惠贷款政策。指导中国农业发展银行出台《关于全力支持国家储备林建设的意见》，明确国家储备林贷款期最长40年、宽限期最长10年。截至2023年末，共有921个林草贷款项目获得开发性、政策性金融机构批准，累计发放贷款2322亿元。2023年新增267个贷款项目，新增发放贷款514亿元。

林草保险 全国有30个省（自治区、直辖市）开展森林保险工作，其中有28个省份开展中央财政对保费直接补贴的政策性森林保险。全国政策性森林保险总参保面积24.79亿亩，总保费规模39.10亿元，提供风险保障约2.03万亿元；各级财政补贴34.08亿元，全年完成已决赔款14.43亿元，简单赔付率36.92%。指导内蒙古自治区开展草原保险，起草《关于内蒙古草原保险试点情况的报告》。2023年内蒙古草原保险试点参保面积3274.13万亩，保费4394.25万元，截至2023年末，共理赔案件201起，理赔面积901.15万亩，理赔金额1798.42万元，简单赔付率40.84%，印发《野生动物致害保险典型案例》。23个省份开展了单独的野生动物致害保险，缴纳保费3.38亿元，提供风险保障7551.70亿元，完成赔付15.67万起，赔付金额2.93亿元，简单赔付率86.69%。

I

P57-64

产业发展

- 林草产业总产值
- 林草产业结构
- 林草产量和产值
- 巩固拓展生态脱贫成果同乡村振兴有效衔接

产业发展

2023年，全国林草产业总产值延续增长态势，为9.72万亿元，林草第一产业比重下降0.28个百分点，第二产业比重下降1.31个百分点，林草第三产业比重增加1.59个百分点。林草产业结构调整为32∶43∶25。全国木材产量有所增加，锯材产量和人造板产量均有所减少。全国经济林面积和产量继续增加，全国油茶产量达76.4万吨。全国林下经济产值约1.16万亿元，占全国林草总产值11.93%。生态旅游发展复苏，游客量出现明显回升，为四年来最高水平。林草会展经济发展势头良好。

（一）林草产业总产值

2023年，全国林草产业总产值为9.72万亿元（按现行价格计算），比2022年增长7.17%，同比增速增长3.28个百分点。自2020年以来，林草产业总产值的平均增速为3.68%（图3）。

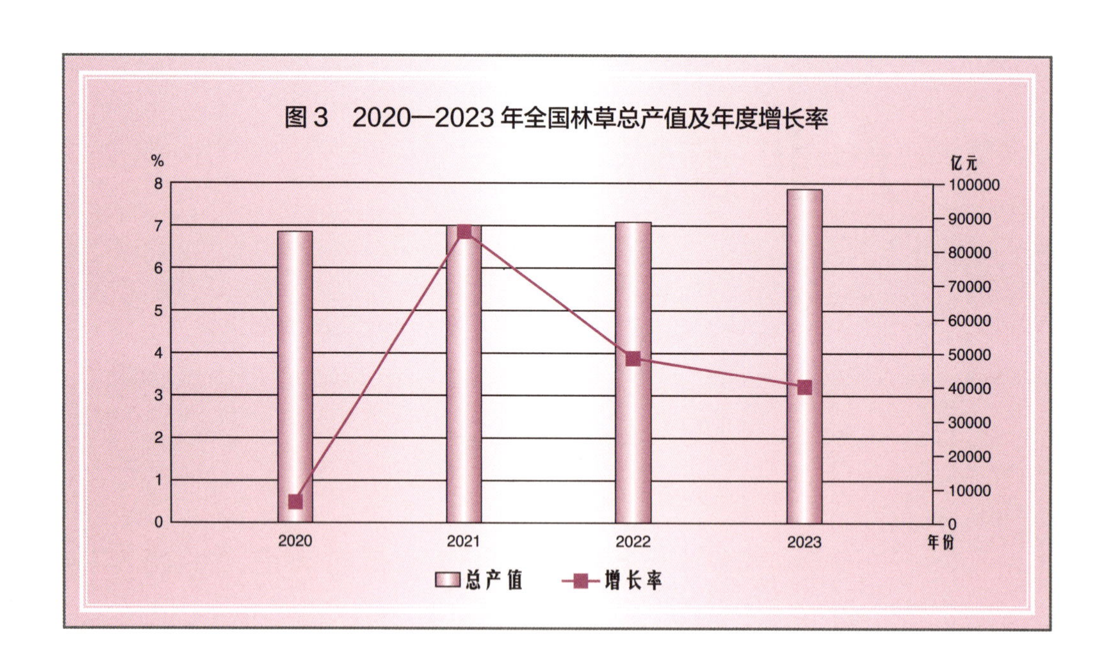

2023年，东部地区林草产业总产值37027.45亿元，中部地区林草产业总产值26308.85亿元，西部地区林草产业总产值30081.92亿元，东北地区林草产业总产值3733.32亿元。东部、中部、西部和东北地区的林草产业总产值均有不同幅度增长，各地区林草产业总产值增长均有所加速，增速分别为4.06%、6.02%、

10.73%和18.33%，东部地区林草产业总产值占全国的38.11%，比重略微下降，下降1.11%，但在四个区域里依旧比重最大；其次是西部地区，其林草产业总产值占全国的30.97%，比重略微上升，上升1.02%（图4）。

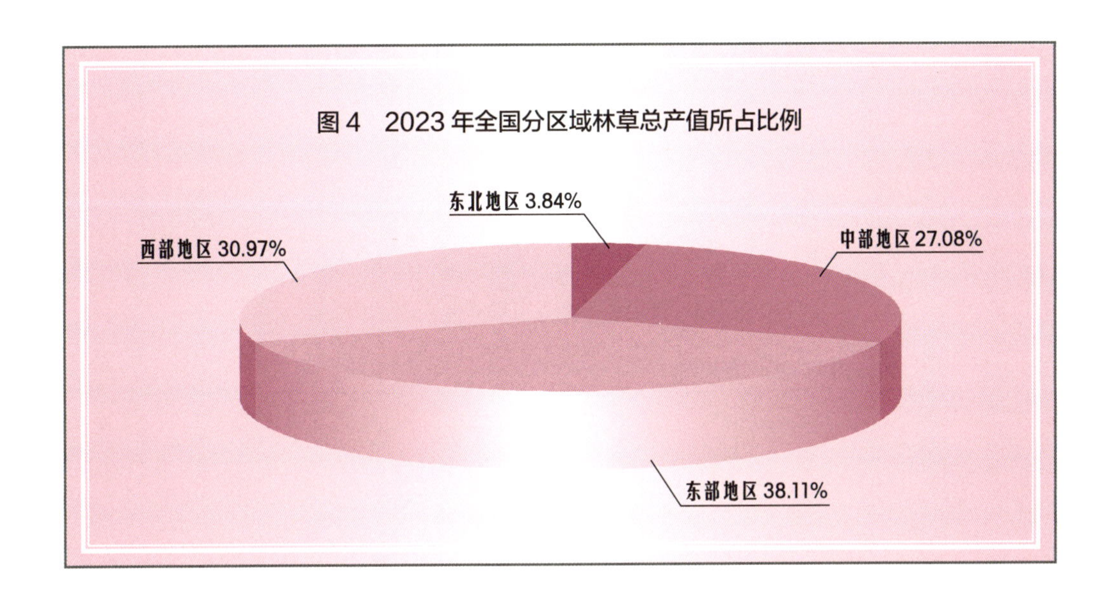

图4　2023年全国分区域林草总产值所占比例

广西、广东、福建等13个省（自治区）林草产业总产值均超过4000亿元，其林草产业总产值合计81359.96亿元，占全国的83.75%（图5）。

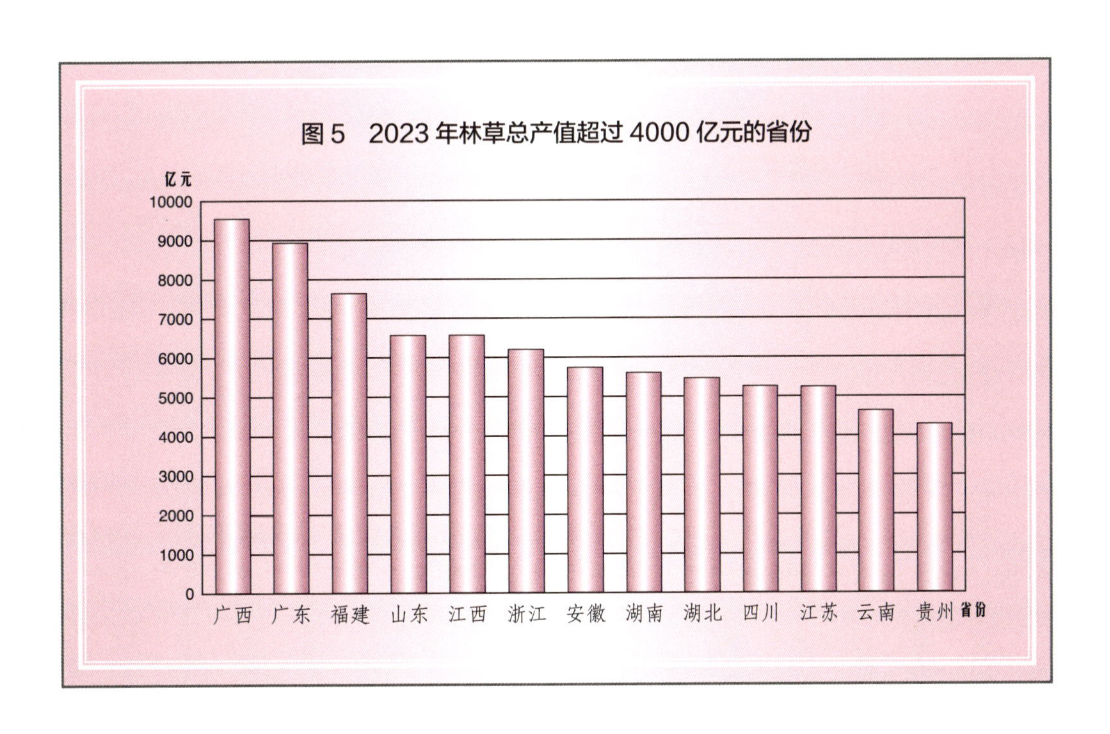

图5　2023年林草总产值超过4000亿元的省份

（二）林草产业结构

林草产业结构进一步优化，由2022年的32：45：23调整为32：43：25，林草第一产业比重略微下降，下降幅度为0.28个百分点，第二产业比重下降1.31个百分点，林草第三产业比重增加1.59个百分点。2023年，林草第一产业产值30868.32亿元，占全部林草产业总产值的31.77%，同比增长6.18%；林草第二产业产值41996.70亿元，占全部林草产业总产值的43.23%，同比增长3.94%；林草第三产业产值24286.51亿元，占全部林草产业总产值的25.00%，同比增长14.33%（图6）。

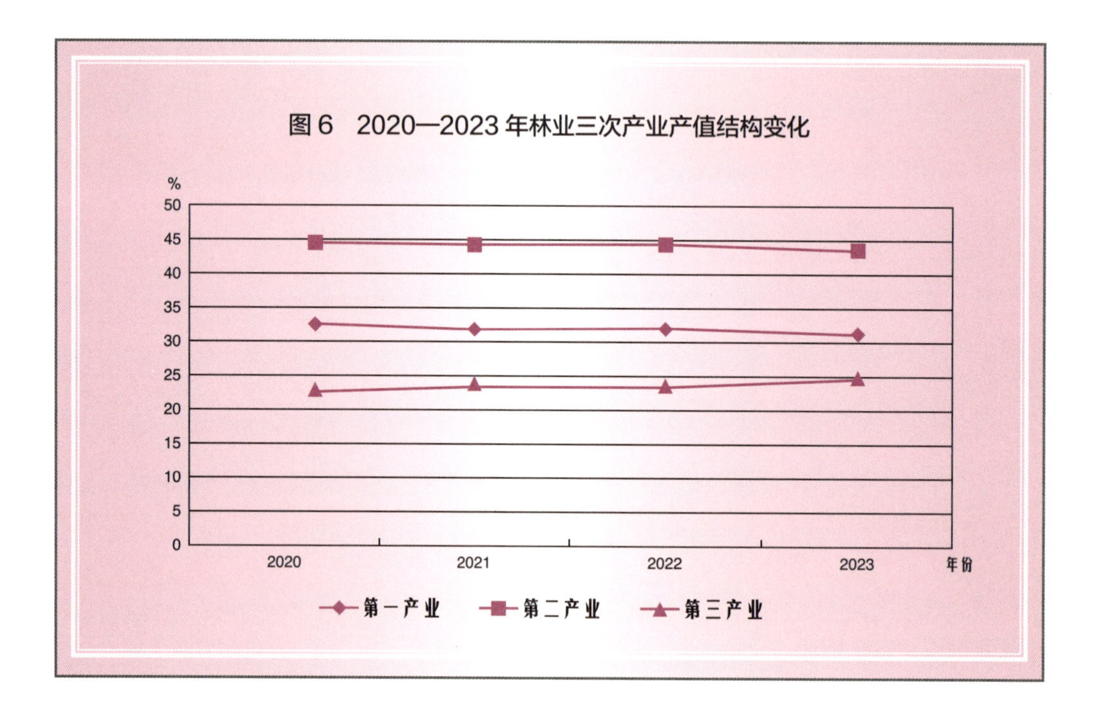

图6　2020—2023年林业三次产业产值结构变化

（三）林草产量和产值

木材　全国木材（包括原木和薪材）总产量为12701万立方米，比2022年增加491万立方米，同比增长4.02%。

锯材　全国锯材产量为6072万立方米，比2022年增加373万立方米，同比增长6.55%。

竹材　全国竹材产量为34.18亿根，比2022年减少7.98亿根，同比减少18.93%。

人造板　全国人造板总产量为36612万立方米，比2022年增加6502万立方米，同比增长21.59%。其中，胶合板20005万立方米，增加2376万立方米，同比增长13.48%；木质纤维板5023万立方米，增加659万立方米，同比增长15.10%；木质刨花板产量3272万立方米，增加624万立方米，同比增长23.48%；其他人造板产量2856万立方米，减少2604万立方米，同比减少47.69%（图7、图8）。

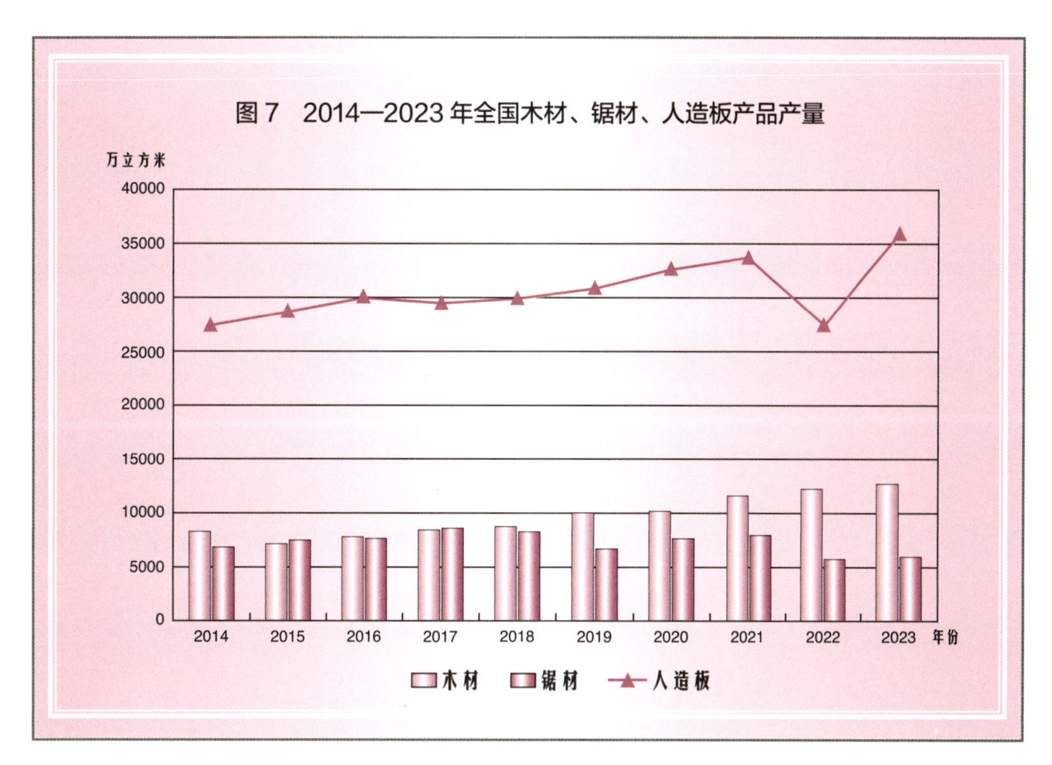

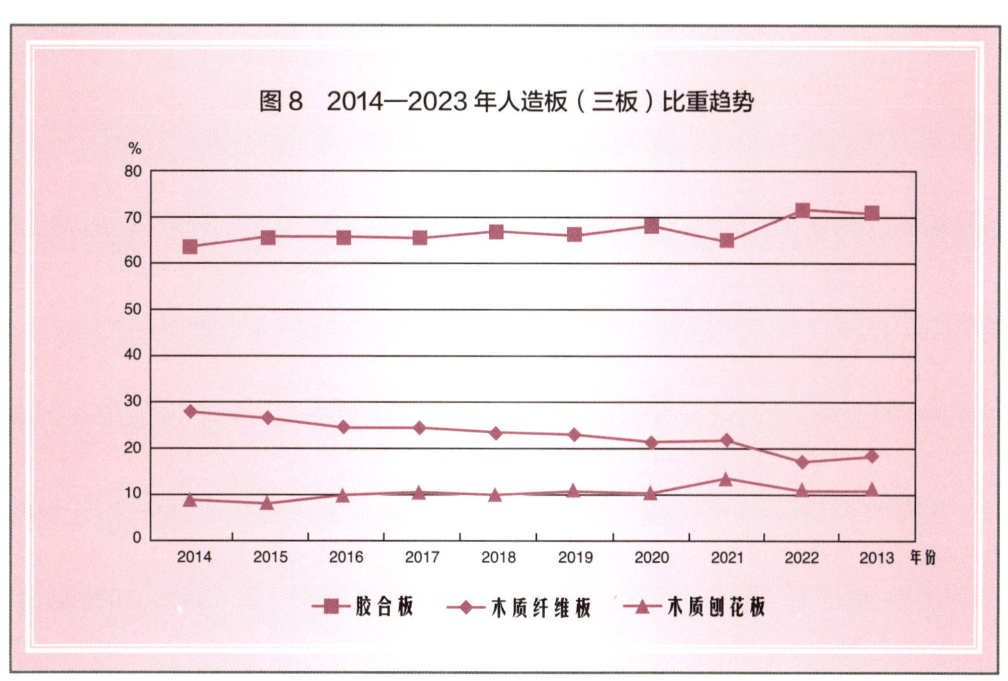

木浆　全国纸和纸板总产量12965万吨，比2022年增长4.35%；纸浆产量8823万吨，比2022年增长2.75%，其中，木浆产量2312万吨，比2022年增长9.31%。

木竹地板　全国木竹地板产量为7.79亿平方米，比2022年增加1.28亿平方米，同比增长19.66%。

林产化工产品 全国松香类产品产量87.09万吨，比2022年增加19.88万吨，同比增长29.58%。

花卉产业 实有花卉种植面积138.99万公顷，销售额2167.95亿人民币，出口额10.35亿美元。与农业农村部联合印发《全国花卉业发展规划（2022—2035年）》，完成2022年全国花卉产业数据统计工作，印发《2022中国花卉产业发展报告》《2023年全国花卉产销形势分析报告》《2022年全国花卉进出口数据分析报告》。

林业生物质能源 我国农林生物质发电累计装机容量约1688万千瓦，年发电量约550亿千瓦时，年上网电量约473亿千瓦时，生物质清洁供暖面积超过3亿平方米，生物质供热量超过3亿吉焦。

经济林产品 我国经济林面积约0.47亿公顷，挂果面积约占77%，经济林产量达到2.45亿吨。我国经济林种植从业人口9000多万人。原国家扶贫开发工作重点县中有726个县种植经济林，种植面积3亿多亩、产量6000多万吨、产值5000多亿元，分别占全国的48%、29%、33%。

林下经济 全国林下经济产值约1.16万亿元，占全国林草总产值11.93%。自2013年以来，在全国公布了649个国家林下经济示范基地，全国各类林下经济示范基地数量已超过5000个。

生态旅游 全国生态旅游游客量为25.31亿人次，较2022年全年生态旅游游客量（13.24亿人次）增长91.16%。国家林业和草原局会同有关部门共同印发《促进户外运动设施建设与服务提升行动方案（2023—2025）》。

会展经济 举办第十六届中国义乌国际森林产品博览会、第三届中国新疆特色林果产品博览会以及第一届世界林木业大会；举办第十二届竹文化节。第十六届中国义乌国际森林产品博览会线下参展企业1736家，展览面积8万平方米，到会客商8.3万人次；线上入驻企业832家，上线产品3859个，成交额达10.89亿元。第三届中国新疆特色林果产品博览会共有18个省（自治区、直辖市）、3个森工（林业）集团以及新疆维吾尔自治区13个地州市的500余家企业、采购商参加了展会，项目签约额达64.5亿元，参展特色林果产品800余种。第一届世界林木业大会国内外600多家林木业重点企业参展参会，观众参展超11.5万人次，共有30个重点林业产业项目集中签约，现场签约和意向总投资近600亿元。

（四）巩固拓展生态脱贫成果同乡村振兴有效衔接

政策引导 印发《林草推进乡村振兴十条意见》，谋划做好“培育健康稳定的乡村林草生态系统”“推进宜居宜业和美乡村建设”“构建多元化林草特色产业体系”“巩固拓展生态脱贫成果”等10项重点工作。印发《关于征集林草助力乡村振兴经验模式案例的通知》，累计汇总18个省（自治区、直辖市）74个典型案例。指导各地做好巩固拓展生态脱贫成果同乡村振兴有效衔接“回头看”，总结了各地巩固拓展生态脱贫成果同乡村振兴有效衔接政策落实情况。会同财政部修改完善《林业草原转移支付资金管理办法》，明确要求各省（自治区、直辖市、计划单列市，含新疆生产建设兵团）在分解下达资金时，应当结合相关工作任务和本地实际，向革命老区、民族地区、边疆地区、脱贫地区倾斜。印发《国家林下经济示范基地管理办法》，明确对新疆、西藏和四省（青海、云南、甘肃、四川）涉藏州县、民族地区、边境地区、革命老区、国家乡村振兴重点帮扶县予以适当倾斜。

促进就业 中央财政脱贫人口生态护林员选聘资金稳定在64亿元，地方投入资金22亿元。在中西部22个省（自治区、直辖市）选（续、补）聘生态护林员110万名，惠及300多万脱贫人口。配合国家发展和改革委员会制定《2023年度适用以工代赈的国家重点工程项目清单》，明确了2023年林草在生态建设领域适用以工代赈方式项目的实施范围。依托林草生态产业发展项目，吸纳农村劳动力参与发展特色林果、种苗花卉、林下经济等特色产业基础设施建设，广泛推广实施以工代赈方式，督促地方落实组织群众务工、开展就业技能培训等工作要求，让更多脱贫群众参与林草生态建设，不断增加脱贫群众收入，进一步巩固拓展生态脱贫成果。

定点帮扶 持续推进对贵州独山、荔波和广西龙胜、罗城4个县的定点帮扶任务。全年安排各类资金2.64亿元，通过实施国土绿化、天然林资源保护、自然保护地及湿地保护等重点生态工程，巩固生态文明建设成果，改善乡村人居环境。2019年以来，持续募集林草生态帮扶专项基金5786万元，累计投入3876万元支持定点帮扶县实施毛木耳、海花草、笋用麻竹、板蓝根等19个产业扶持项目，持续打造乡村振兴示范点。持续推进帮扶消费，累计采购定点帮扶县农产品406.56万元，帮助定点帮扶县销售农产品超1亿元。统筹615万元在定点帮扶县新立项实施11个林草科技帮扶项目，吸纳200余人务工，人均务工增收2000元以上。组织40余位专家成立4个林草科技服务团，赴定点帮扶县开展现场技术咨询指导。累计培训基层干部、技术人员、致富带头人812人次。其中，贵州独山县成立国家油桐生物产业基地，建成拥有600份种质资源的全国最大油桐种质资源库和全国第一家油桐产业研究院。

专栏12 2023年油茶发展情况

2023年9月7日，习近平总书记在主持召开新时代推动东北全面振兴座谈会时指出，要以发展现代化大农业为主攻方向，加快推进农业农村现代化。践行大食物观，合理开发利用东北各类资源，积极发展现代生态养殖，形成粮经饲统筹、农林牧渔多业并举的产业体系，把农业建成大产业。

一、产业发展概况

根据《加快油茶产业发展三年行动方案（2023—2025年）》，2023年度油茶生产计划968.6万亩。各地完成油茶新增种植、低产林改造任务并落地上图964万亩，超额完成任务。完成2022年因灾受损油茶林补植补造72.3万亩，油茶生产使用苗木抽检合格率达到100%。目前，全国油茶种植面积已达到7300万亩左右，处于历史最高水平，茶油产量达到76.4万吨，成为食用植物油消费量前10位的油种之一。

二、重点县情况

中央财政安排22.8亿元，聚焦200个油茶生产重点县，支持油茶营造任务281万亩。双重工程中央预算内投资对油茶生产予以倾斜支持。湖南、江西、广西等省（自治区）通过中央资金支持产油大县油茶产业发展。中央财政油茶产业发展奖补政策安排8.7亿元，通过竞争立项重点支持湖南衡阳、江西吉安、广西柳州、湖北随州、广东河源、浙江衢州等6个地市实施油茶示范奖补项目，支持范围拓展到水肥设施等。

三、完善产品标准

配合国家粮食和储备局制定《油茶籽油》国际标准、修订《油茶籽油》国家标准，同步启动修订《油茶籽》国家标准，促进油茶产业链标准贯通，维护油茶市场秩序。整合19项行业标准，制定发布林业行业标准《油茶》，组织开展标准解读，规范油茶生产建设行为。

专栏13　菌草产业发展情况

1997年，习近平总书记在福建工作期间，把菌草技术列为闽宁对口帮扶项目，亲自推动建设全国首个菌草实验室，亲自推动菌草对外援助项目。2021年9月2日，习近平主席向菌草援外20周年暨助力可持续发展国际合作论坛致贺信时指出，菌草技术是“以草代木”发展起来的中国特有技术，使菌草技术成为造福广大发展中国家人民的“幸福草”。

菌草，作为食用菌、药用菌培养基质的草本植物，多以狼尾草属、芦竹属、芦苇属植物为主，具有光合效率高、生物量大、根系发达、产量高、用途广等特点。30多年来，国家菌草工程技术研究中心首席科学家林占熺先生带领科研团队积极推广菌草技术。全国580多个县（市）广泛应用菌草技术，已建立76个菌草技术示范基地。此外，菌草技术推广至108个国家，中国还帮助17个国家建立菌草技术示范培训中心。

J

P65-88

产品市场

- 木材产品市场供给与消费
- 主要林产品进出口
- 主要草产品进出口

产品市场

2023年，林产品出口907.15亿美元，进口902.43亿美元，分别比2022年下降8.59%和2.58%；木材产品市场总供给（总消费）为53912.85万立方米，比2022年增长9.70%。木材产品进出口价格大幅下降、出口价格降幅低于进口价格降幅。草产品出口235.20万美元，进口12.75亿美元、比2022年增长8.88%。

（一）木材产品市场供给与消费

1. 木材产品供给

2023年木材产品市场总供给为53912.85万立方米（图9），比2022年增长9.70%，其中，国内供给占46.84%、比2022年提高0.11个百分点，进口占53.16%。

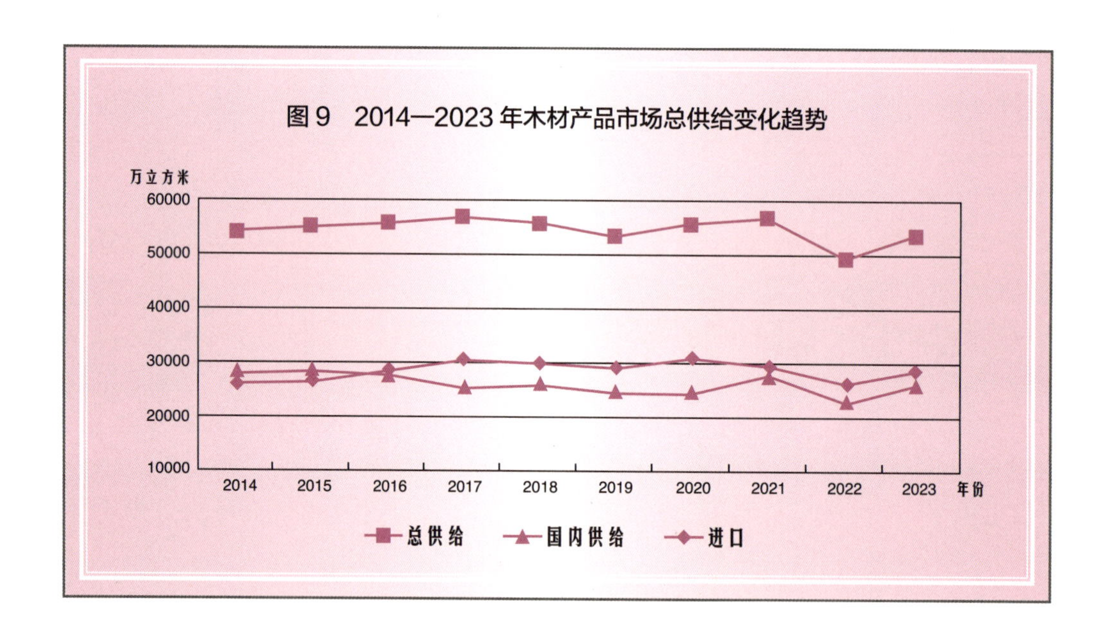

图9　2014—2023年木材产品市场总供给变化趋势

国内供给　原木和薪材产量12700.94万立方米，比2022年增长4.02%；木质纤维板产量5022.56万立方米、木质刨花板产量3272.23万立方米，分别比2022年增长28.37%和32.22%，二者相当于折合木材供给13948.95万立方米。

进口（按原木当量折合）　原木3802.80万立方米，锯材（含特形材）3626.27万立方米，单板和人造板871.93万立方米，纸浆及纸类（木浆、纸和纸板、废纸和废纸浆、印刷品）17399.18万立方米，木片2633.61万立方米，家具、木制品及木炭325.90万立方米。

2. 木材产品消费

2023年木材产品市场总消费为53912.85万立方米（图10），比2022年增长9.70%。其中，国内消费占76.42%、比2022年提高0.30个百分点，出口占23.58%。

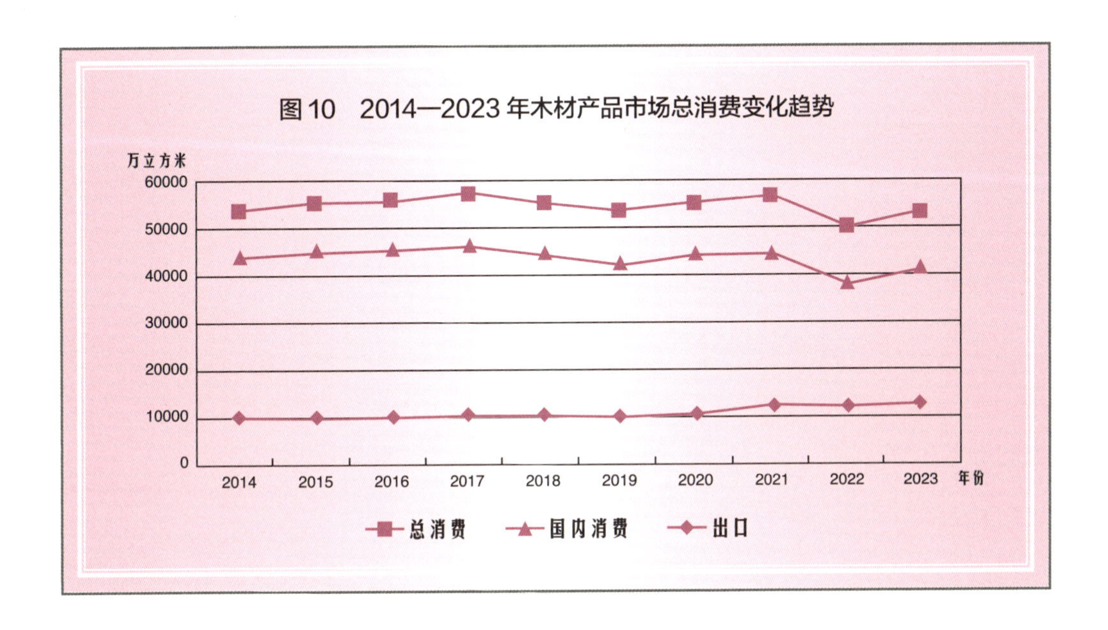

图10　2014—2023年木材产品市场总消费变化趋势

国内消费　国内消费包括工业与建筑业用材消费。建筑业用材（含装修与装饰用材）12952.61万立方米、家具用材（指国内家具消费部分，出口家具耗材包括在出口项目中）4587.75万立方米、煤炭业用材532.13万立方米，分别比2022年减少6.83%、6.44%、7.98%；造纸业用材19723.52万立方米、化纤业用材1586.57万立方米，其他部门（包装、车船制造、林化等）用材1766.58万立方米，分别比2022年增长23.49%、18.49%和34.51%。

出口　按原木当量折合，原木0.55万立方米，锯材（含特形材）53.85万立方米，单板和人造板3404.15万立方米，纸浆及纸类（木浆、纸和纸板、废纸和废纸浆、印刷品）4181.08万立方米，家具4709.16万立方米，木片、木制品和木炭366.13万立方米。

其他　库存增加等形成的木材需求为48.77万立方米。

3. 木材产品市场供需特点

国内供给、进口和总供给快速增长　商品材产量小幅增加，木质刨花板和木质纤维板产量高速增长，国内实际供给增长6.32%；木浆、废纸浆、纸和纸制品、锯材、胶合板、木制品进口量大幅增加，原木、单板、木片、刨花板、纤维板、木家具等产品进口量不同程度下降，木质林产品进口总量增长9.47%，在木材产品总供给中的份额下降0.11个百分点。

国内实际消费（国内消费与其他）、出口和实际总消费（国内实际消费与出口）快速增长 造纸业、化纤业用材高速增长，建筑业、木家具和煤炭业用材较大幅度下降，国内实际消费增长10.55%；木家具、纸和纸制品、人造板、木制品、锯材出口大幅扩大，单板、木浆的出口量减少，木质林产品出口总量增长6.62%，在木材产品总消费中的份额下降0.28个百分点。

进出口价格大幅下降、出口价格降幅低于进口价格降幅 按帕氏综合价格指数②计算，2023年木质林产品（不含印刷品）总体出口价格水平和进口价格水平分别下降9.67%和13.45%，其中，锯材、特形材、单板、木质刨花板、纤维板、胶合板、木制品、木浆、回收浆、纸和纸板、木家具类、木片、木炭的出口价格分别下降35.32%、2.55%、5.02%、8.80%、9.18%、11.89%、6.17%、36.70%、43.70%、15.42%、10.23%、3.54%、26.50%；原木、锯材、特形材、单板、木质刨花板、纤维板、胶合板、木浆、回收浆、废纸、纸和纸板、木片的进口价格分别下降12.96%、13.49%、5.78%、14.22%、15.76、1.67%、22.16%、13.15%、34.93%、13.97%、17.94%、7.40%，木家具类、木制品和木炭的进口价格分别上涨22.99%、11.81%和41.12%。

（二）主要林产品进出口

1. 基本态势

林产品出口和进口下降，出口降幅大于进口降幅，贸易顺差缩小；在全国商品贸易中，出口占比微降、进口占比略升。林产品进出口贸易总额为1809.58亿美元，比2022年增长5.68%。其中，出口907.15亿美元，比2022年下降8.59%，占全国的2.68%，比2022年下降0.08个百分点；进口902.43亿美元，比2022年下降2.58%，占全国的3.53%，比2022年提高0.12个百分点（图11）。贸易顺差4.72亿美元，比2022年缩小61.38亿美元。

进出口贸易产品构成以木质林产品为主，且木质林产品的出口份额进一步微升、进口份额持续小幅下降。林产品进出口贸易总额中，木质林产品占66.10%，比2022年下降1.03个百分点；其中，出口额中木质林产品占77.04%、比2022年提高0.11个百分点，进口额中木质林产品占55.10%，比2022年下降1.54个百分点（图12）。

林产品出口市场主要集中于亚洲、北美洲和欧洲，市场集中度下降，美国仍是林产品出口的最大贸易伙伴，但份额微降；进口市场主要集中于亚洲、欧洲和拉丁美洲，市场集中度提高，泰国是林产品进口的最大贸易伙伴，且份额

② 帕氏综合价格指数（Paasche Price Index）是一种加权价格指数，采用报告期数量作为权重，用以衡量报告期与基期价格的相对变化。公式为 $P_p=\frac{\sum(p_1\cdot q_1)}{\sum(p_0\cdot q_1)}\times 100$，$p_1$ 和 p_0 分别为报告期（2023年）和基期（2022年）价格，q_1 为报告期（2023年）的数量。

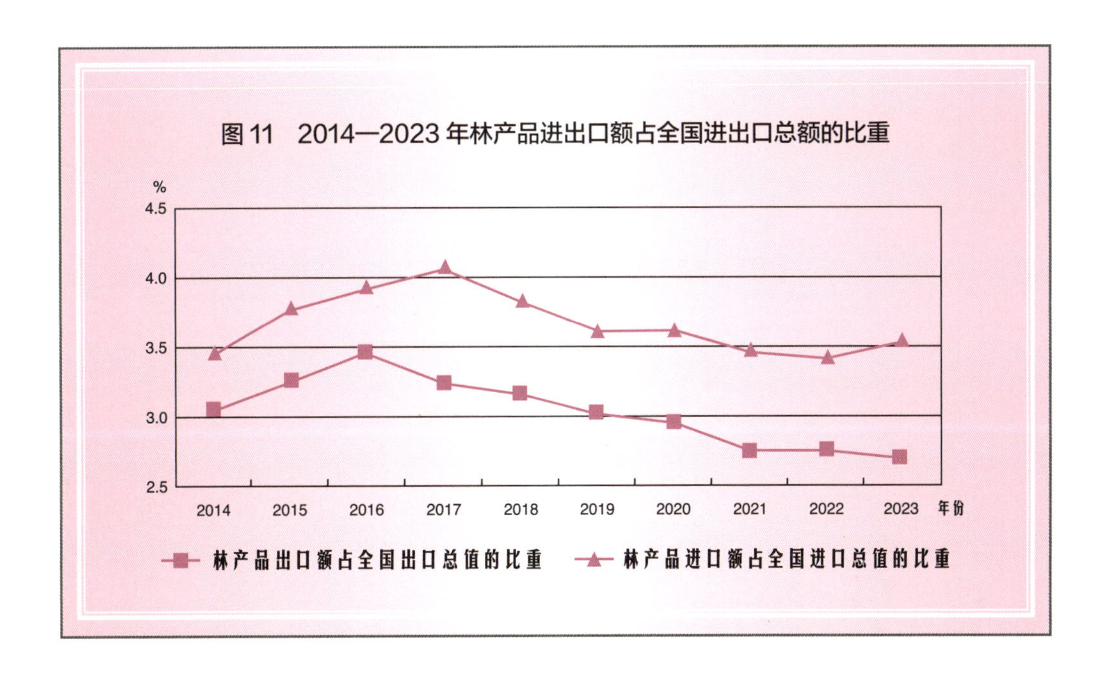

图11 2014—2023年林产品进出口额占全国进出口总额的比重

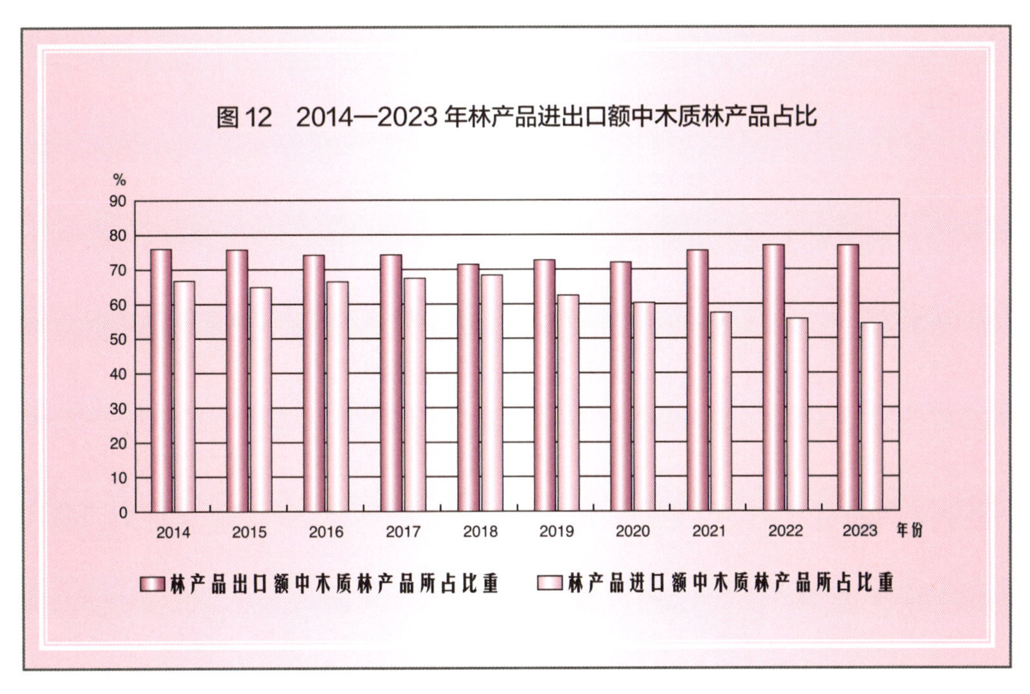

图12 2014—2023年林产品进出口额中木质林产品占比

微升。与2022年比，出口总额中亚洲的份额下降0.96个百分点、欧洲的份额提高0.86个百分点，其他各洲的份额微幅波动。进口总额中亚洲和拉丁美洲的份额分别提高1.44和0.52个百分点，大洋洲和北美洲的份额分别下降0.95和0.51个百分点。从主要贸易伙伴看（图13），与2022年比，前5位出口贸易伙伴的市场份额下降1.47个百分点，前5位进口贸易伙伴的市场份额提高2.20百分点。

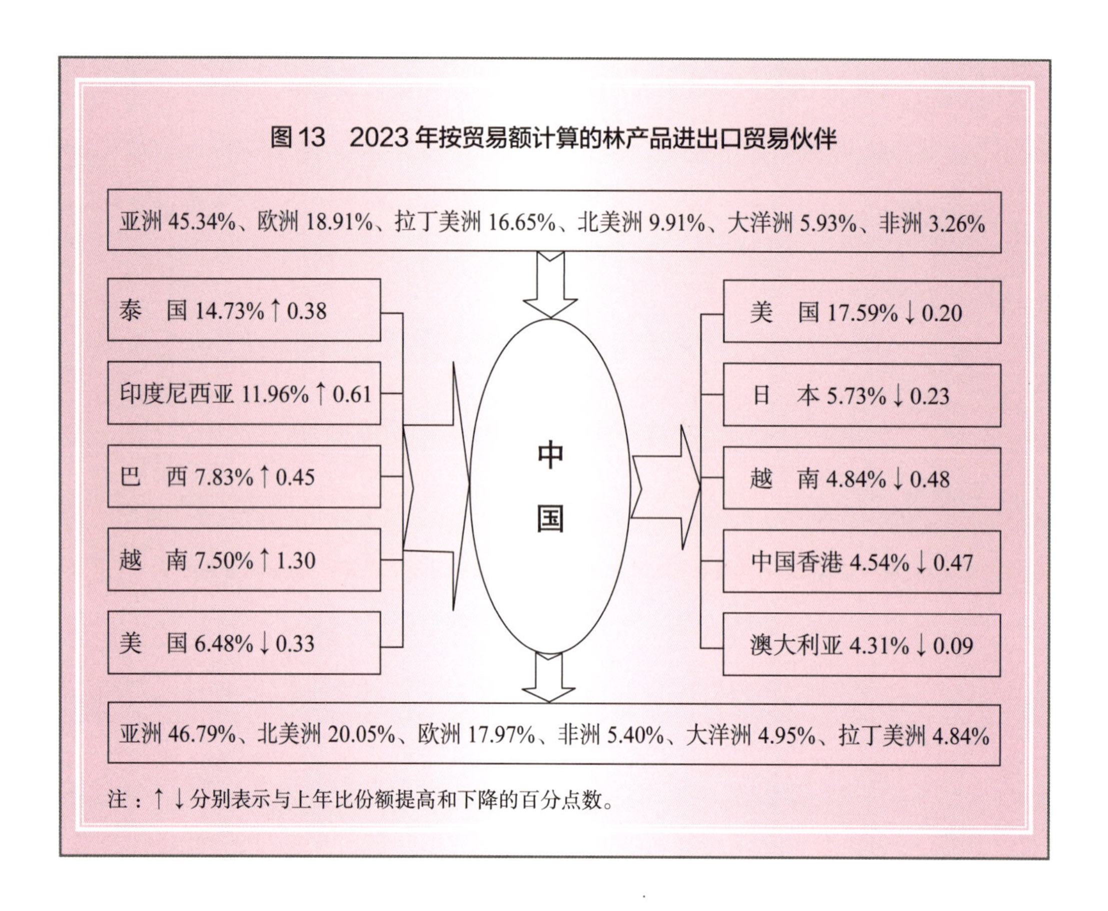

图13　2023年按贸易额计算的林产品进出口贸易伙伴

注：↑↓分别表示与上年比份额提高和下降的百分点数。

2. 木质林产品进出口

木质林产品进出口大幅下降，出口降幅大于进口降幅，市场和出口产品结构相对稳定，进口产品结构变化明显，贸易顺差大幅缩小。2023年，木质林产品出口698.88亿美元、进口497.24亿美元，分别比2022年下降8.46%和5.23%；贸易顺差201.64亿美元，比2022年缩小15.55%。出口额的近80%为纸及纸浆类产品和木家具（图14），产品集中度微升，与2022年比，木家具类产品的份额提高0.91个百分点，人造板的份额下降0.46个百分点；进口额的近90%为纸及纸浆类产品、锯材类产品和原木（图15），产品集中度小幅提高，与2022年比，纸及纸浆类产品的份额提高5.72个百分点，原木、木片和锯材的份额分别下降3.42、1.75和0.77个百分点。

从市场结构看，按贸易额，前5位出口贸易伙伴为美国20.34%、澳大利亚5.15%、日本5.13%、英国4.53%、韩国3.66%，与2022年比，英国的份额提高0.55个百分点、越南的份额下降0.72个百分点；前5位进口贸易伙伴为巴西13.05%、俄罗斯10.58%、印度尼西亚9.20%、美国8.83%、加拿大6.07%，与2022年比，前5位进口贸易伙伴的份额提高1.33个百分点，其中，印度尼西亚、美国和巴西的份额分别提高0.75、0.73和0.40个百分点。

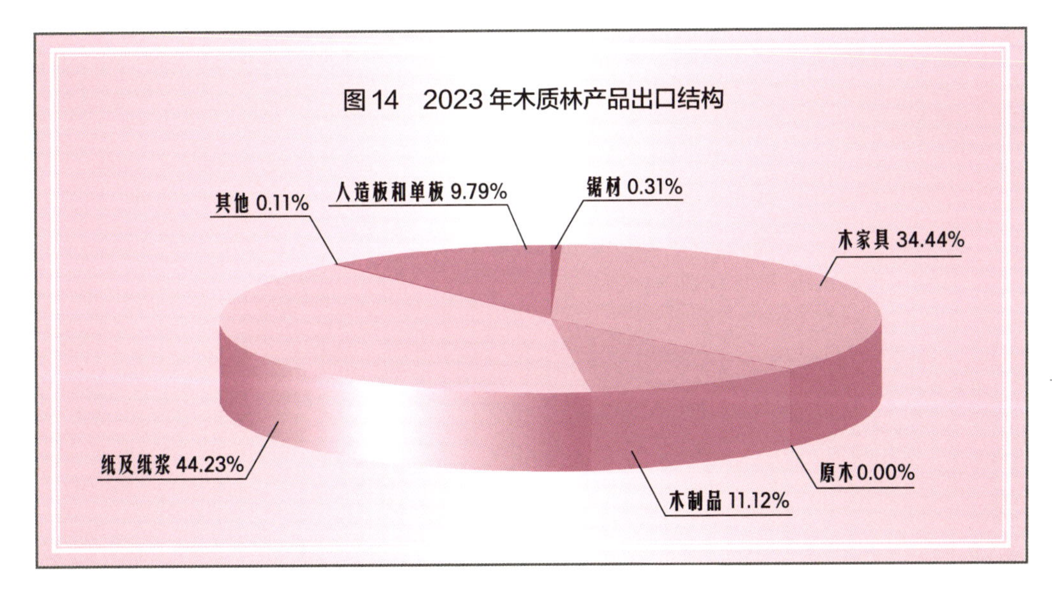

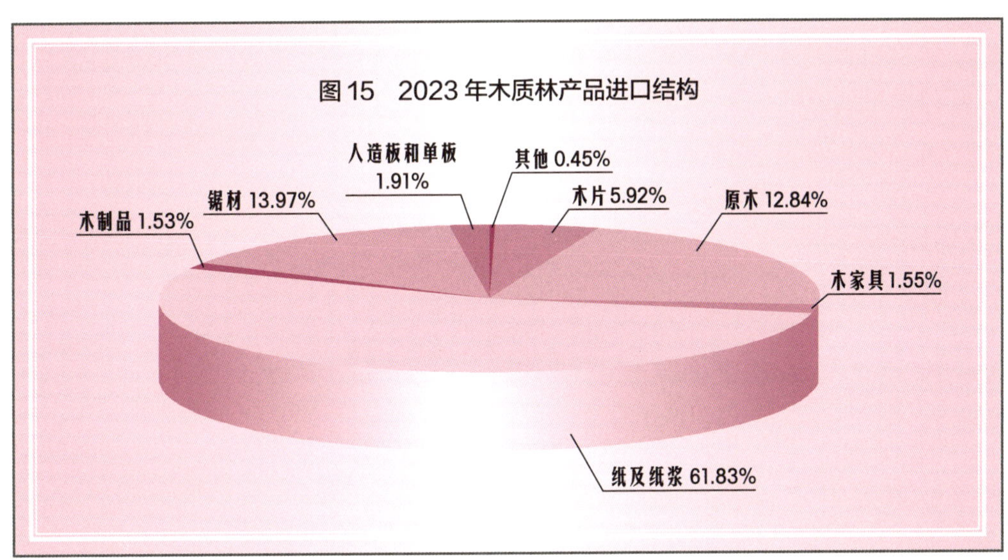

原木　进出口量值大幅下降，进口中阔叶材占比下降，进出口价格下降。出口0.55万立方米、合0.02亿美元，分别比2022年下降89.58%和90.00%，全部为阔叶材。进口3802.80万立方米、合63.83亿美元，分别比2022年下降12.78%和25.20%。其中，针叶材进口2810.27万立方米、合37.64亿美元，分别比2022年下降9.82%和24.52%；阔叶材进口992.53万立方米、合26.19亿美元，分别比2022年下降20.21%和26.14%（图16）。进口额中阔叶材占比下降0.53个百分点。

从价格看，原木平均出口价格为363.64美元/立方米、平均进口价格为167.85美元/立方米，分别比 2022年下降4.00%和14.23%；针叶材和阔叶材的平均进口价格分别为133.94美元/立方米和263.87美元/立方米，分别比2022年下降16.30%和7.44%。

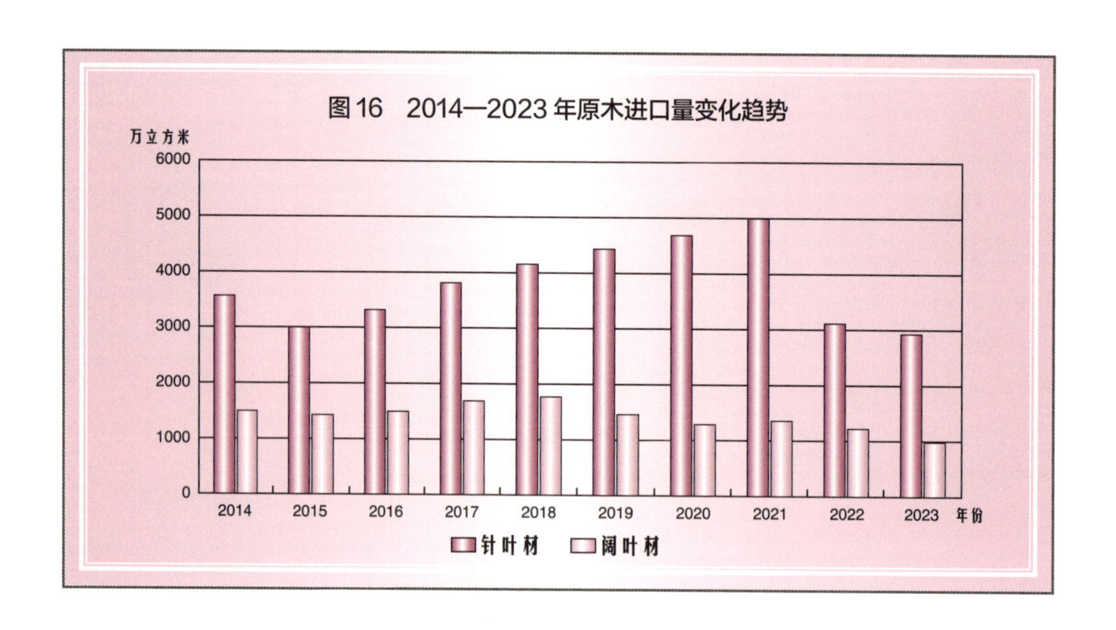

从进口市场结构看，德国的份额下降，新西兰、美国、巴布亚新几内亚和所罗门群岛的份额提高，市场集中度下降（表6）。

表6 2023年原木进口额的前5位贸易伙伴份额变化

原木			针叶材			阔叶材		
贸易伙伴	2023年份额（%）	比上年变化（百分点）	贸易伙伴	2023年份额（%）	比上年变化（百分点）	贸易伙伴	2023年份额（%）	比上年变化（百分点）
新西兰	34.61	3.09	新西兰	58.50	4.77	巴布亚新几内亚	18.44	2.96
美国	10.92	2.29	德国	13.25	–5.38	美国	16.96	3.93
德国	9.03	–2.97	美国	6.71	1.21	所罗门群岛	10.11	1.68
巴布亚新几内亚	7.56	1.13	加拿大	4.49	0.50	俄罗斯	7.53	0.18
所罗门群岛	4.15	0.64	日本	4.43	1.10	法国	5.95	–2.89
合计	66.27	4.18	合计	87.38	2.20	合计	58.99	5.86

原木进口数量、市场结构和价格变化的主要原因：一是国内经济和固定资产投资增速放缓、房地产市场低迷、出口规模下降，国内市场对建筑装修用材、家具用材、包装用材需求的下降，导致进口木材数量减少；二是受国际关系变化、出口国的原木出口政策、日本林地价格下降以及欧洲虫害材的减少等因素影响，虽然从波兰、新西兰和日本等国进口的针叶材增加，但进口自德国、捷克、拉脱维亚、法国等欧洲国家，以及乌拉圭等拉丁美洲国家的针叶材

大幅度减少；同时从俄罗斯、巴西、法国、赤道几内亚等国进口的阔叶材数量大幅下降；三是国内商品材产量的增加，对进口小径材形成了一定程度的替代；四是由于国内锯材加工的劳动力成本上升，加上锯材运输相对原木的成本优势，锯材进口对原木进口形成了一定替代，推动了原木进口数量的下降；五是受全球经济复苏缓慢和强势美元的影响，国际木材市场需求不足，原木进出口价格大幅下降。

锯材 进口和出口量增值减，价格全面下降，针叶锯材进口量占比下降。锯材（不包括特形材）出口33.39万立方米、合1.20亿美元，与2022年比，出口量增长 28.97%、出口额下降28.57%；其中，针叶材出口6.26万立方米、阔叶材出口27.13万立方米，分别比2022年下降16.31%和增长47.37%。进口2771.92万立方米、合68.41亿美元，与2022年比，进口量增长4.71%、进口额下降9.14%；其中，针叶材进口1793.99万立方米、阔叶材进口977.93万立方米，分别比 2022年增长3.52%和6.97%（图17）；进口总量中，针叶材份额比2022年降低0.75个百分点。从价格看，针叶材的平均出口价格为559.11美元/立方米、平均进口价格为196.71美元 /立方米，分别比2022年下降14.65%和15.85%；阔叶材的平均出口价格313.31美元/立方米、平均进口价格为338.67美元/立方米，分别比2022年下降51.53%和10.98%。

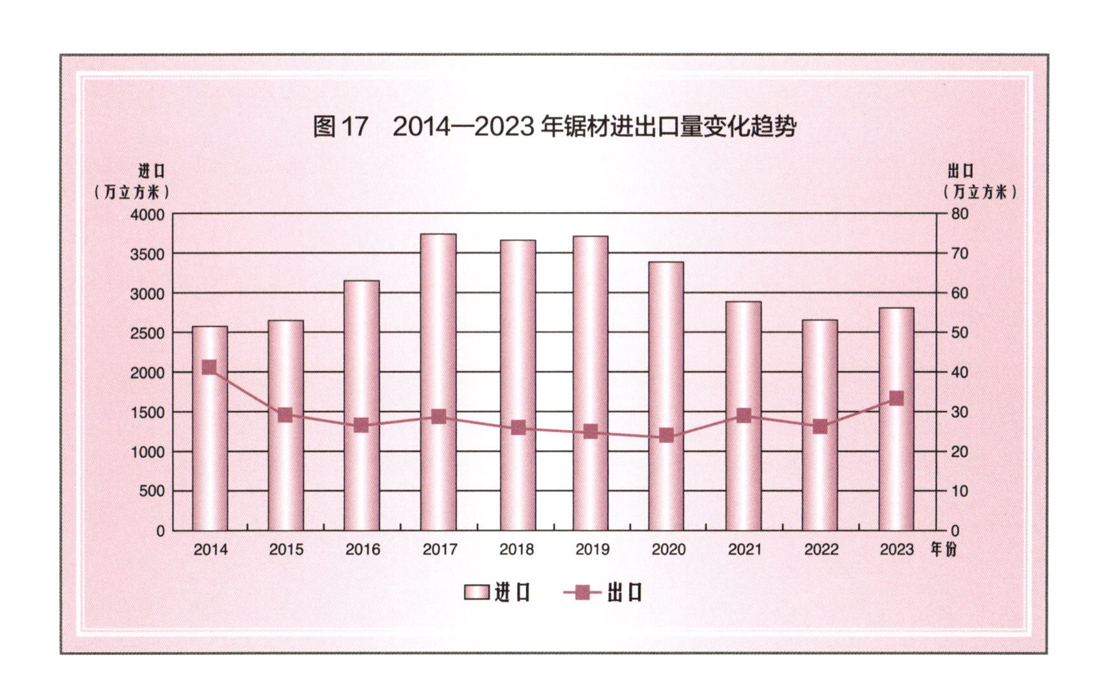

图17 2014—2023年锯材进出口量变化趋势

从锯材市场结构看，出口市场变化明显，日本和美国的份额较大幅下降，越南和马来西亚的份额较快提高，市场集中度略降；进口市场总体稳定，但阔叶材进口市场变化明显，东南亚市场份额增加，集中度小幅提高（表7）。

表7 2023年锯材进出口前5位贸易伙伴份额变化

锯材出口额			锯材进口额			针叶锯材进口额			阔叶锯材进口额		
贸易伙伴	2023年份额(%)	比上年变化(百分点)	贸易伙伴	2023年份额(%)	比上年变化(百分点)	贸易伙伴	2023年份额(%)	比上年变化(百分点)	贸易伙伴	2023年份额(%)	比上年变化(百分点)
日本	31.70	-4.48	俄罗斯	38.70	-1.05	俄罗斯	66.42	0.40	泰国	32.73	4.28
越南	21.38	4.17	泰国	15.85	2.71	加拿大	6.38	-1.74	美国	22.66	-1.71
美国	8.51	-3.85	美国	11.40	-0.18	芬兰	5.24	-0.61	俄罗斯	9.17	0.02
马来西亚	8.01	5.68	加拿大	3.92	-1.13	瑞典	4.60	0.38	加蓬	6.16	-1.06
韩国	7.14	0.46	加蓬	2.98	-0.35	白俄罗斯	4.59	1.18	缅甸	3.66	2.62
合计	76.74	-1.27	合计	72.85	0.00	合计	87.23	-0.39	合计	74.38	2.30

特形材出口4.75万吨、合0.98亿美元；进口10.35万吨、合1.09 亿美元。其中，木地板条出口4.45万吨、合0.90亿美元，与2022年比，分别下降24.45%和26.83%；进口0.57 万吨、合0.10亿美元，分别比2022年下降85.71%和88.24%。

从特形材市场分布看，按贸易额，前5位出口贸易伙伴为日本31.67%、美国30.19%、韩国9.65%、英国7.03%、澳大利亚3.51%；与2022年比，5位出口贸易伙伴的总份额提高1.20个百分点，其中，日本和英国的份额分别提高6.42和2.84个百分点，美国和韩国的份额分别下降6.73和1.34个百分点。主要进口市场份额为印度尼西亚81.79%、俄罗斯4.20%；与2022年比，印度尼西亚和俄罗斯的份额分别提高28.31和3.62百分点，缅甸的份额下降38.22个百分点。

锯材进口数量、结构与价格变化的主要原因：一是我国经济增长和固定资产投资增速放缓，房地产市场低迷，国内木材总需求和锯材进口数量自2019年后处于较低水平；二是由于锯材与原木之间的替代效应，原木进口量和其中阔叶原木份额的下降，加上家具和木制品出口的增长，推动锯材进口量及阔叶锯材进口占比的增长；三是受国际关系变化以及出口国采伐政策的影响，从乌克兰进口锯材大幅减少的同时，从俄罗斯、瑞典、德国等国家进口锯材数量大幅增加；四是受全球经济复苏缓慢和强势美元的影响，国际木材市场需求不足，锯材进出口价格大幅下降。

单板 进出口量值下降、出口降幅小于进口降幅。出口43.65万立方米、合6.23亿美元，分别比2022年下降1.45%和7.15%，其中，阔叶单板42.82万立方米、合6.08亿美元，分别比2022年下降1.72%和7.60%；进口244.57万立方米、合3.46亿美元，分别比2022年下降6.18%和14.99%，其中，阔叶单板227.16万立方米、合3.06亿美元，分别比2022年下降2.36%和5.56%。

从市场分布看，结构变化明显，集中度进一步下降。按贸易额，前5位出口贸易伙伴为越南31.13%、柬埔寨10.23%、印度尼西亚7.56%、印度7.23%、马来西亚5.04%；与2022年比，前5位出口贸易伙伴的总份额下降1.27个百分点，其中，越南和马来西亚的份额分别下降4.62和0.46个百分点，柬埔寨、印度和印度尼西亚的份额分别提高1.55、1.22和1.05个百分点。前5位进口贸易伙伴为俄罗斯26.86%、越南24.65%、乌干达7.76%、加蓬5.56%、泰国4.38%；与2022年比，前5位进口贸易伙伴的总份额下降3.60个百分点，其中，俄罗斯和加蓬的份额分别下降8.91和1.08个百分点，乌干达、越南和泰国的份额分别提高4.28、3.99和1.53个百分点。

人造板 出口量增值降，胶合板进口大幅增长、纤维板和刨花板进口大幅下降；从品种看，出口额中胶合板占绝对比重、胶合板和刨花板的份额小幅下降，进口额中以刨花板为主，纤维板和刨花板的份额较大幅度下降；从价格看，人造板进出口价格大幅下降（表8）。

表8 2023年“三板”进出口数量与价格变化情况

产品	出口量		出口平均价格		进口量		进口平均价格	
	数量（万立方米）	比2022年增减（%）	价格（美元/立方米）	比2022年增减（%）	数量（万立方米）	比2022年增减（%）	价格（美元/立方米）	比2022年增减（%）
胶合板	1061.23	0.52	447.41	–14.91	29.52	50.92	697.83	–27.40
纤维板	306.30	8.14	388.83	–8.98	6.67	–43.47	734.63	–11.54
其中 硬质板	13.44	–95.00	662.20	60.90	0.93	–89.97	1075.27	34.70
中密度板	292.59	1967.77	375.95	–46.80	5.68	133.74	686.62	–27.46
绝缘板	0.27	–22.86	740.74	–35.19	0.06	–40.00	0.00	—
刨花板	60.40	6.41	448.68	–34.53	116.46	–2.35	288.51	–16.08
其中：OSB	16.02	–7.40	418.23	–56.15	24.38	–15.08	283.02	–17.92

2023年，胶合板、纤维板和刨花板出口额分别为47.48亿美元、11.91亿美元和2.71亿美元，分别比2022下降14.47%、1.57%和30.33%；胶合板、纤维板和刨花板进口额分别为2.06亿美元、0.49亿美元和3.36亿美元，与2022年比，胶合板的进口额增长9.57%，纤维板和刨花板进口额分别下降50.00%和18.05%。

“三板”出口额中，胶合板、纤维板和刨花板的比重分别为76.46%、19.18%和4.36%，与2022年比，胶合板和刨花板的比重分别下降1.18和1.08个百分点，纤维板的比重提高2.26个百分点；“三板”进口额中，胶合板、纤维板和刨花板的份额分别为34.86%、8.29%和56.85%，与2022年比，胶合板的份额提高7.85个百分点，纤维板和刨花板的份额分别下降5.79和2.06个百分点。

从市场分布看（图18），胶合板出口市场相对分散、集中度小幅下降；进口市场进一步向俄罗斯大幅集中。纤维板出口市场变化明显，集中度略降；进口市场主要集中在欧洲和新西兰，但欧洲的份额明显下降、新西兰的份额进一步大幅提高，总体集中度小幅下降。刨花板出口市场进一步分散化，由东南亚市场向中东市场转移，市场集中度大幅下降；进口高度集中于欧洲、东南亚、巴西和俄罗斯，集中度小幅提高。

图18　2023年按贸易额计算的“三板”进出口贸易伙伴

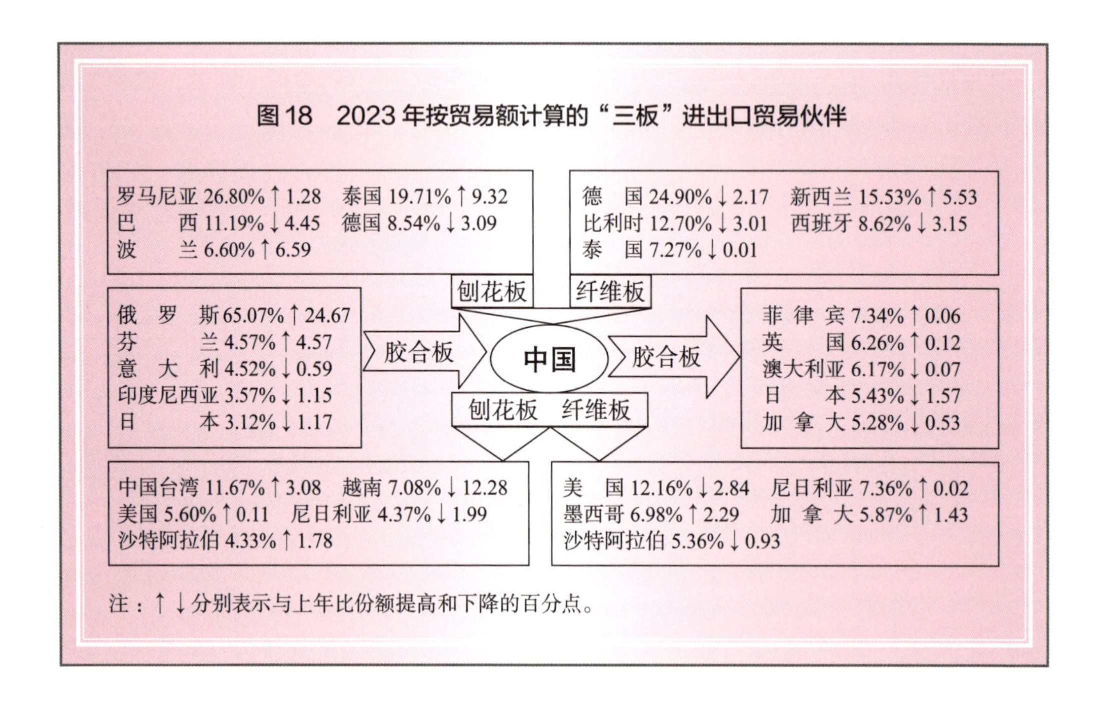

注：↑ ↓ 分别表示与上年比份额提高和下降的百分点。

2023年，人造板进出口总量与结构及价格变化的主要原因：一是受新冠疫情结束后贸易的恢复性增长，以及不同市场需求变化的综合影响，人造板出口量总体呈增长态势。胶合板对北美洲和欧洲市场出口量下降的同时，对非洲、拉丁美洲市场的出口量大幅增长；纤维板对拉丁美洲、大洋洲、亚洲和北美出口量下降的同时，对欧洲、特别是英国市场的出口量大幅增长。二是我国经济增速放缓，房地产市场低迷，国内建筑家装市场对进口人造板需求下降，加上国内人造板供给增加和质量提高，导致纤维板和刨花板进口量下降；同时，家具和木制品出口数量的增长，对纤维板和刨花板进口量的降幅和胶合板进口量的增幅产生了一定程度的影响。三是受全球经济复苏缓慢和强势美元的影响，国际木材市场需求不足，原材料价格下降，导致人造板进出口价格大幅下降。

木家具　出口中，木家具量增值减、木制家具零件量值大幅下降，进口全面大幅减少；出口价格下降、进口价格上扬，贸易顺差缩减。木家具出口3.83亿件、木家具零件出口39.13万吨，与2022年比，木家具出口量增长7.28%、木制家具零件出口量下降30.31%；木家具类（木家具、木制家具零件）出口额为240.67亿美元，比2022年下降5.98%。木家具进口343.79 万件、木制家具零件进口1.73万吨，分别比2022年下降21.04%和32.95%（图19），木家具类进口7.71亿美元，比2022年下降12.49%；贸易顺差232.96亿美元，比2022年减少5.75%。

图19　2014—2023年家具进出口额变化趋势

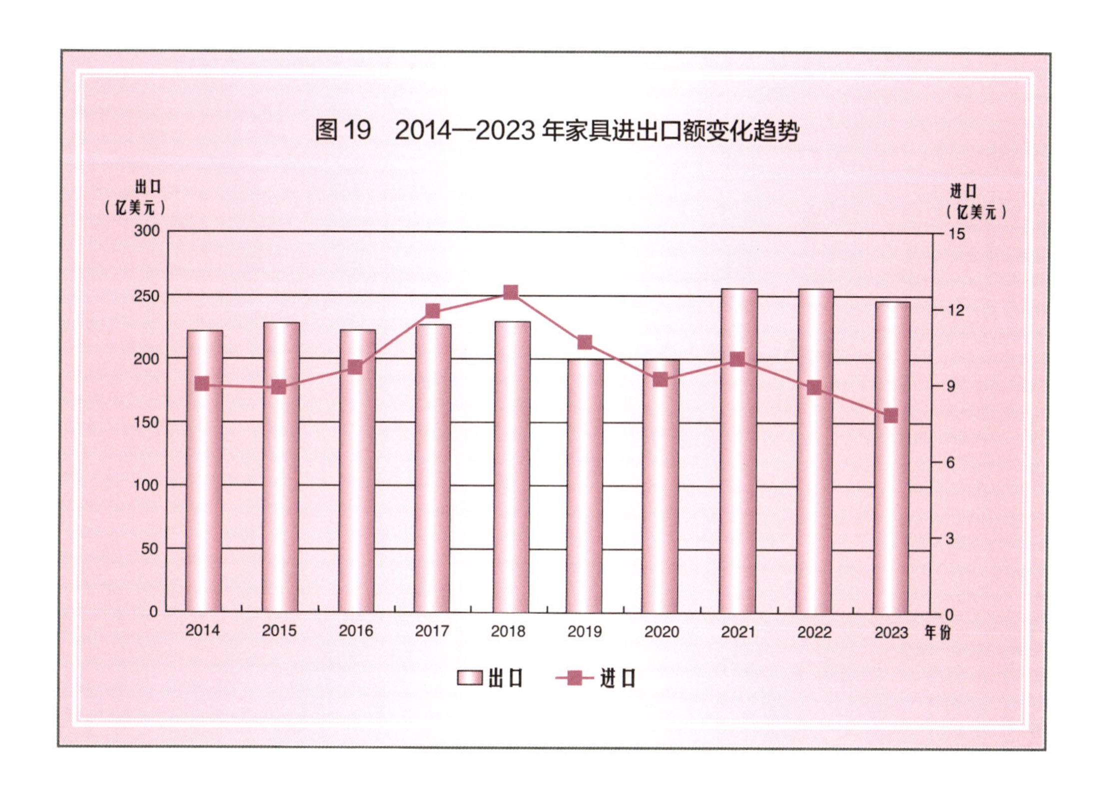

从产品结构看，按贸易额，出口额中各类家具的份额为木框架坐具36.14%、卧室木家具13.22%、办公木家具5.31%、厨房木家具3.05%、其他木家具34.72%，木制家具零件7.56%，与2022年比，卧室用木家具、办公室用木家具、木制坐具的份额分别提高了1.98、0.70和0.48个百分点，木制家具零件和厨房用木家具的份额分别下降了2.63和0.41个百分点；进口额中各类家具的份额为木框架坐具32.55%、厨房木家具17.90%、卧室木家具14.92%、办公木家具1.30%、其他木家具26.59%，木制家具零件6.74%，与2022年比，厨房用木家具、卧室用木家具、木制坐具的份额分别提高了2.58、1.18和0.43个百分点，木制家具零件的份额下降了1.66个百分点（表9）。

从市场分布看，依贸易额，前5位出口贸易伙伴为美国29.01%、英国6.00%、澳大利亚5.97%、韩国5.93%、日本5.77%；与2022年比，前5位出口贸易伙伴的总份额提高1.99个百分点，其中，美国和英国的份额分别提高1.53和1.02个百分点，澳大利亚的份额下降0.48个百分点。前5位进口贸易伙伴为意大

表9　2023年各类家具进出口额和价格变化

类别	出口额（亿美元）	出口额增长率（%）	进口额（亿美元）	进口额增长率（%）	出口平均价格（美元/件）	出口平均价格增长率（%）	进口平均价格（美元/件）	进口平均价格增长率（%）
1. 木家具	229.87	-3.21	7.19	-10.90	58.09	-9.79	209.14	12.84
木框架坐具	86.99	-4.70	2.51	-11.31	83.64	-7.46	235.04	4.68
办公木家具	12.78	8.31	0.10	11.11	53.25	-0.73	157.48	30.71
厨房木家具	7.33	-17.18	1.38	2.22	48.87	4.92	170.18	23.00
卧室木家具	31.82	10.60	1.15	-4.96	88.39	-4.76	579.93	22.31
其他木家具	83.56	-6.29	2.05	-20.85	40.96	-15.48	158.02	9.09
2. 木制家具零件	18.19	-30.31	0.52	-29.73	4648.61*	-10.64	3005.78*	4.80

注：* 木制家具零件的出口平均价格和进口平均价格的计量单位为美元/吨。

利44.50%、德国14.69%、越南9.68%、波兰4.71%、瑞典2.94%；与2022年相比，前5位进口贸易伙伴的总份额提高1.09个百分点，其中，德国、瑞典的份额分别提高1.50和0.95个百分点，波兰和意大利的份额分别下降0.58和0.45个百分点。

木家具进出口规模与价格变化的主要原因：一是受新冠疫情结束后国际贸易恢复性增长的影响，除大洋洲外，出口其他各洲的木家具数量都有不同程度的增长；从国别看，虽然出口到日本、马来西亚和澳大利亚的木家具数量下降明显，但欧美房地产市场的复苏带动的家具需求增加，使出口至美国、英国和法国的木家具数量大幅增加，推动木家具出口量总体上较大幅度地增长。二是由于国内房地产家装市场低迷，木家具需求减少，导致家具进口规模下降。三是受强势美元的影响，导致木家具出口价格大幅下降。

木制品　出口大幅下降、进口高速增长，贸易顺差大幅缩小。出口77.69亿美元、进口7.62亿美元，与2022年比，出口下降8.48%、进口增长26.16%。从产品构成看，各类木制品进出口降幅差异大，出口份额构成相对稳定、进口份额构成变化明显（表10）。

表10　2023年木制品进出口金额与构成变化

产品类型	增长率（%）		贸易额构成（%）		构成变化（百分点）	
	出口额	进口额	出口额	进口额	出口额	进口额
建筑用木工制品	-8.45	-28.09	16.60	8.40	0	-6.34
木制餐具及厨房用具	-15.09	-6.67	7.03	3.67	-0.54	-1.30
木工艺品	-14.81	-9.68	22.50	3.67	-1.67	-1.46
其他木制品	-4.56	41.41	53.87	84.25	2.21	9.08

从市场分布看，依贸易额，前5位出口贸易伙伴为美国29.93%、日本7.95%、英国5.42%、澳大利亚4.14%、荷兰4.01%；与2022年比，前5位出口贸易伙伴的总份额下降2.65个百分点，其中，美国的份额下降2.33、英国的份额提高0.53个百分点。前5位进口贸易伙伴为印度尼西亚33.39%、厄瓜多尔13.95%、奥地利13.91%、俄罗斯5.95%、意大利3.43%；与2022年比，前5位出口贸易伙伴的总份额提高2.22个百分点，其中，奥地利和印度尼西亚的份额分别提高12.36和0.66个百分点，俄罗斯、厄瓜多尔和意大利的份额分别下降2.66、4.79和0.91个百分点。

纸类　出口量增值减、进口增长，进出口价格大幅下降，贸易顺差大幅缩减。纸类产品出口309.11亿美元、进口307.44亿美元，分别比2022年下降9.09%和增长4.44%。出口产品主要是纸和纸制品，占纸类产品出口总额的93.08%，比2022年提高1.00个百分点；进口产品以木浆、纸和纸制品为主，分别占纸类产品进口总额的72.99%和22.53%，与2022年比，木浆的份额提高1.42个百分点，纸和纸制品的份额下降1.18个百分点。贸易顺差1.67亿美元，比2022年缩减96.34%。

纸和纸制品出口1376.81万吨、合287.72亿美元，分别比2022年增长8.25%和下降8.11%；进口1181.98万吨（图20）、合69.27亿美元，分别比2022年增长32.10%和下降0.73%；平均出口价格为2089.76美元/吨，比2022年下降15.11%，平均进口价格为586.05美元/吨，比2022年下降24.85%。

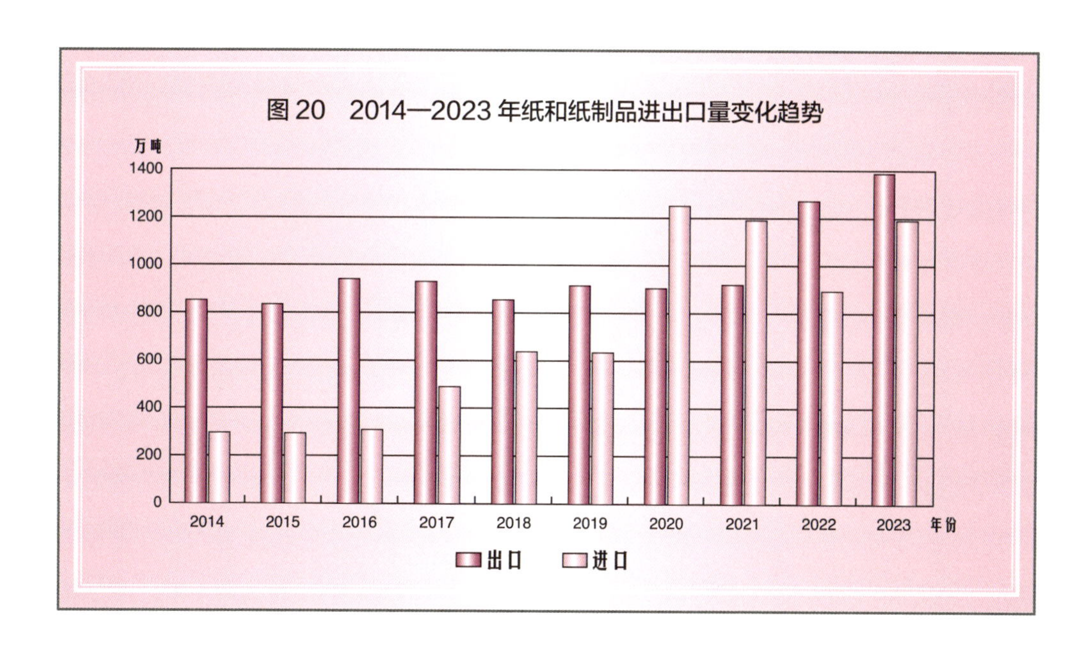

图20　2014—2023年纸和纸制品进出口量变化趋势

木浆（不包括从回收纸和纸板中提取的纤维浆）出口14.18万吨、合1.23亿美元，分别比2022年下降18.13%和43.84%；进口3215.67万吨（图21）、合

224.39亿美元，分别比2022年增长22.50%和6.51%；平均出口价格为867.42美元/吨、平均进口价格为697.80美元/吨，分别比 2022年下降31.40%和13.05%。

回收纸浆进口447.58万吨（图21）、合12.40亿美元，分别比2022年增长55.26%和1.06%；平均进口价格为277.05美元/吨，比2022年下降34.91%。

废纸进口57.95万吨（图21）、合1.19 亿美元，分别比2022年提高1.13%和下降12.50%；平均进口价格为205.35美元/吨，比2022年下降13.48%。

从市场分布看（图22），木浆、纸和纸制品进出口市场格局总体相对稳定。木浆进口的市场集中度明显下降，纸和纸制品进出口市场进一步分散，集

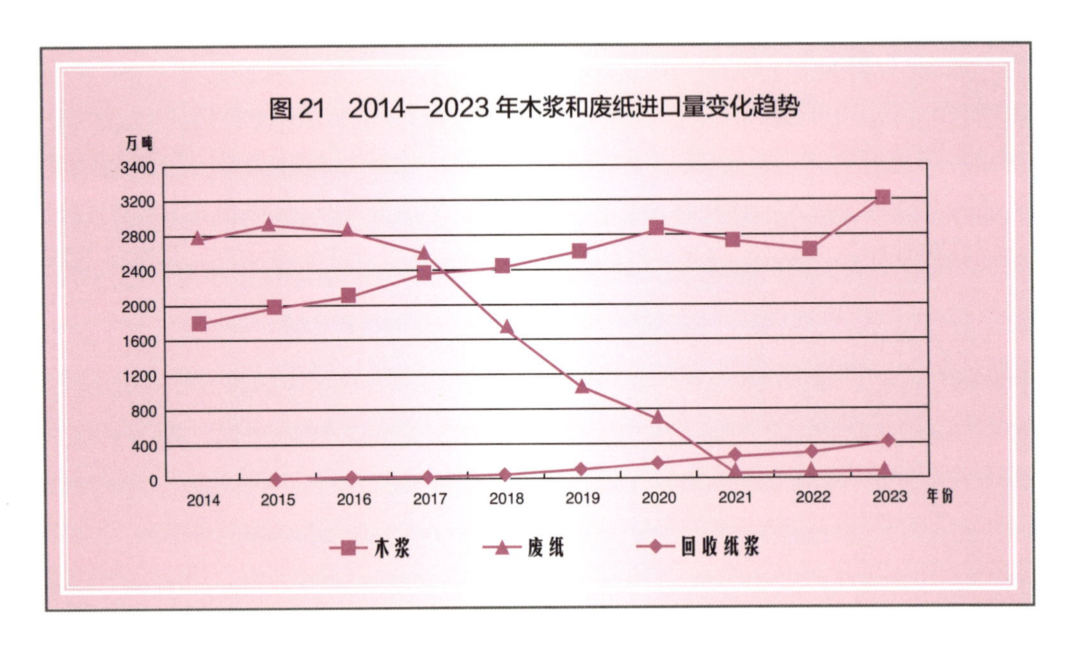

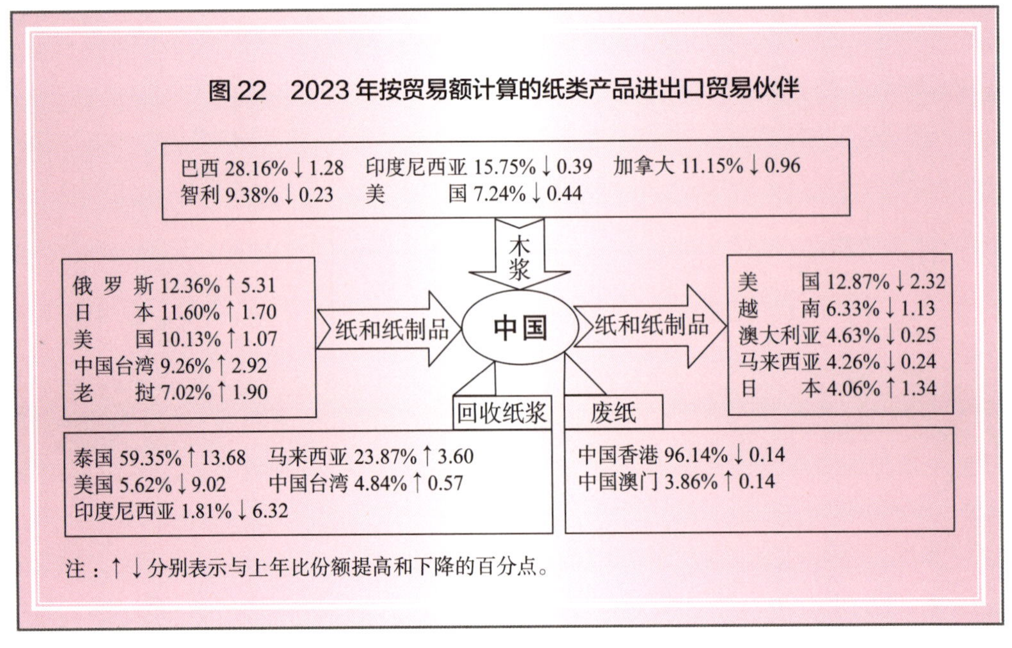

中度小幅下降；回收纸浆进口的市场格局变化明显，市场份额由美国向东南亚市场转移，集中度提高；由于禁止废纸进口政策的实施，废纸进口市场基本集中于中国香港。

木片 进口1463.11万吨（图23）、合29.44亿美元，分别比2022年下降20.69%和26.88%；平均进口价格为201.21美元/吨，比2022年下降7.81%，其中，非针叶木片的平均进口价格为200.37美元/吨、针叶木片的平均进口价格为229.67美元/吨，分别比2022年下降7.14%和14.46%；进口额中，非针叶木片占96.71%，比2022年提高2.50个百分点。

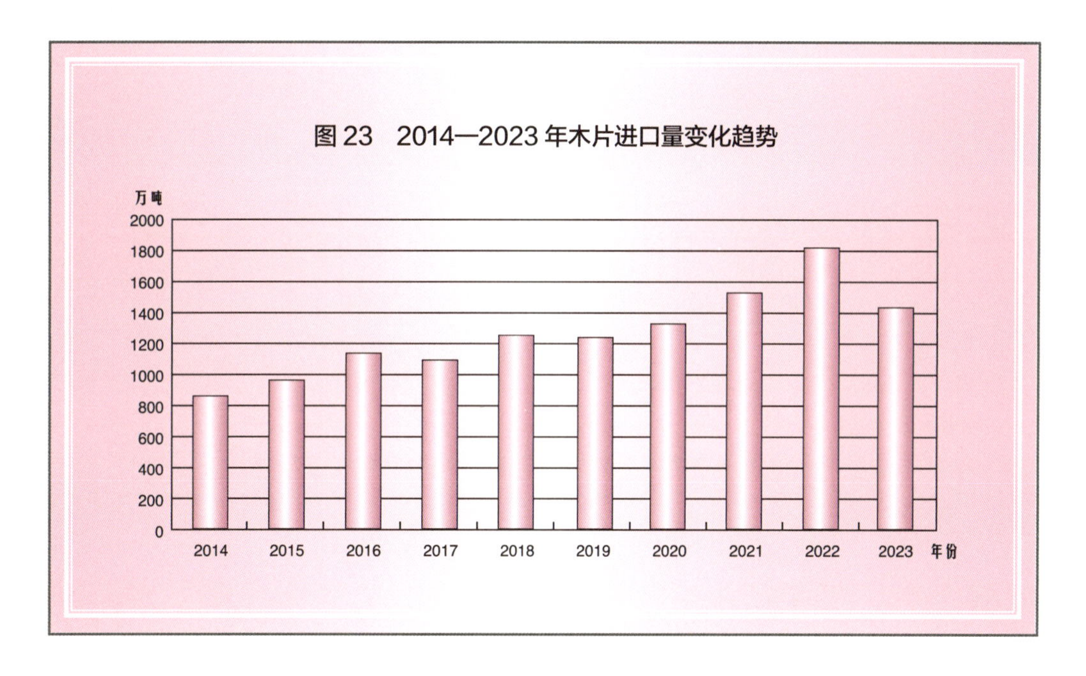

图23 2014—2023年木片进口量变化趋势

从市场分布看，依进口额，前5位进口贸易伙伴为越南56.51%、澳大利亚20.80%、泰国6.16%、智利4.68%、印度尼西亚3.56%；与2022年比，前5位进口贸易伙伴的总份额提高1.45个百分点，其中，越南和印度尼西亚的份额分别提高3.25和1.93个百分点，澳大利亚、巴西和泰国的份额分别下降1.11、1.01和0.91个百分点。

3. 非木质林产品进出口

非木质林产品出口高速下降、进口微幅增长；贸易逆差持续扩大；进出口产品结构变化明显。

2023年，非木质林产品出口208.26亿美元、进口405.20亿美元，分别比2022年下降9.05%和增长0.88%，贸易逆差196.94亿美元，比2022年扩大14.04%。

从产品结构看（图24、图25），与2022年相比，出口额中，果类的份额提高5.93个百分点，林化产品，茶、咖啡、可可类，竹、藤、软木类的份额分别下降3.77、1.15和0.96个百分点。进口额中，果类的份额提高6.20个百分点；木

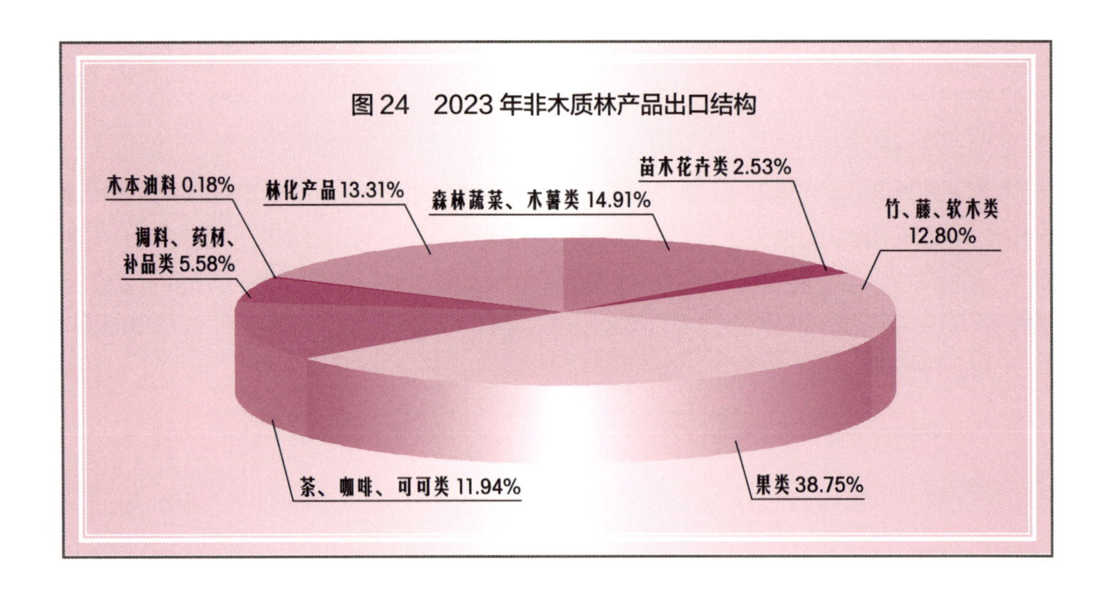

图24　2023年非木质林产品出口结构

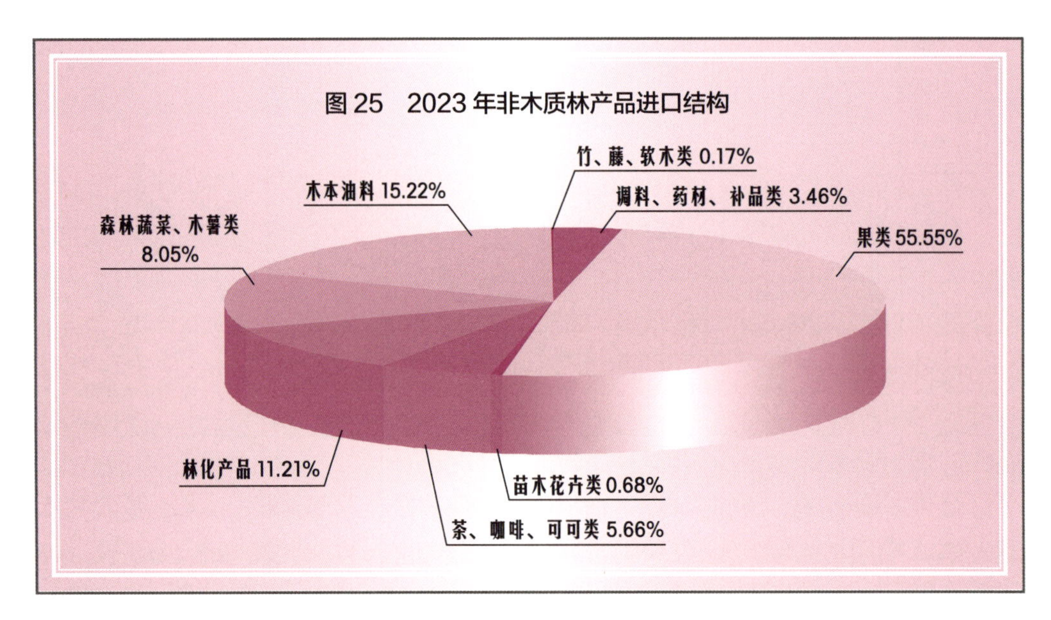

图25　2023年非木质林产品进口结构

本油料，森林蔬菜、木薯类，林化产品的份额分别下降3.03、2.54和1.14个百分点；其他产品的份额变化微小。

从市场分布看，按贸易额，前5位出口贸易伙伴为越南9.89%、中国香港8.45%、美国8.39%、日本7.73%、泰国5.69%；与2022年比，前5位出口贸易伙伴的总份额下降1.03个百分点，其中，美国和中国香港的份额分别下降0.86和0.61个百分点。前5位进口贸易伙伴为泰国27.30%、印度尼西亚15.40%、越南10.77%、智利8.61%、马来西亚6.92%；与2022年比，前5位出口贸易伙伴的总份额下降0.38个百分点，其中，马来西亚、泰国和智利的份额分别下降2.07、0.78和0.65个百分点，越南的份额提高3.19个百分点。

果类 出口80.70亿美元、进口225.10亿美元，分别比2022年增长7.37%和13.56%、贸易逆差扩大21.34亿美元。从产品类别看（表11），果类出口额和进口额中以干鲜果和坚果为主且出口份额和进口份额小幅提高；果类加工品出口额中超过50%为果类罐头和果汁、进口额近80%为果酒和饮料与果汁。

表11 果类产品贸易额构成及变化

产品类别		贸易额构成（%）		构成变化（百分点）	
		出口额	进口额	出口额	进口额
干鲜果和坚果		68.79	77.54	0.94	1.26
果类加工品		30.68	21.02	–0.80	–1.29
其中：	果类罐头	30.49	0.32	–4.74	–0.13
	果汁	22.50	16.15	–0.78	3.01
	果酒和饮料	14.78	63.66	9.41	0.32
	其他果类加工品	32.23	19.87	–3.89	0.51
其他果类产品		0.53	1.44	–0.14	0.03

从市场分布看，按贸易额，前5位出口贸易伙伴为越南14.62%、美国9.20%、泰国8.26%、印度尼西亚7.52%、日本6.54%；与2022年比，前5位贸易伙伴的总份额下降6.09个百分点，其中，美国、泰国、越南、日本和印度尼西亚的总份额分别下降2.66、1.75、0.66、0.53和0.49个百分点。前5位进口贸易伙伴为泰国32.02%、智利15.46%、越南14.05%、法国10.32%、美国5.26%；与2022年比，前5位贸易伙伴的总份额提高2.90个百分点，其中，越南的份额提高6.60个百分点，智利的份额下降3.26个百分点。

木本油料 出口持续大幅增长、进口量增值减，贸易逆差减小。出口3.18万吨、合0.38亿美元，分别比2022年增长83.92%和53.07%，进口656.45万吨、合61.67亿美元，与2022年比，进口量增长14.16%、进口额下降15.87%，贸易逆差缩小11.76亿美元。从产品构成看，进口额中，棕榈油及分离品、椰子油及分离品和橄榄油及分离品的份额分别为94.05%、3.52%和2.43%，与2022年比，棕榈油及分离品的份额提高2.77个百分点，椰子油及分离品和橄榄油及分离品的份额分别下降2.18和0.59个百分点。从价格看，棕榈油及分离品、椰子油及分离品和橄榄油及分离品的平均进口价格分别为912.37美元/吨、1190.35美元/吨和5976.10美元/吨，与2022年比，橄榄油及分离品的平均进口价格上涨42.51%，棕榈油及分离品和椰子油及分离品的平均进口价格分别下降25.29%和37.64%。

从进口市场分布看，依贸易额，印度尼西亚和马来西亚的份额分别为73.22%和22.81%，与2022年比，印度尼西亚的份额提高8.64个百分点、马来西亚的份额下降7.15个百分点。

林化产品 出口27.71亿美元、进口45.42亿美元，分别比2022年下降29.15%和8.46%，贸易逆差扩大7.20亿美元。从产品结构看，出口产品主要是柠檬酸及加工品、咖啡因及其盐、松香及加工品，三者的总份额为60.49%，比2022年下降17.48个百分点；每类产品的出口量值下降，出口金额降幅远大于出口数量降幅、平均出口价格均大幅下降（表12）。进口产品主要是天然橡胶与树胶、松香及加工品，二者的总份额为82.16%，比2022年降低1.86个百分点；天然橡胶与树胶进口量增值减、价格大幅下降，松香及加工品量值大幅增长、价格高速回落（表13）。

表12　2023年大宗林化产品出口量值与出口价格变化情况

商品名称	数量（万吨）	数量增幅（%）	金额（亿美元）	金额增幅（%）	出口额占比（%）	比重变动（百分点）	价格（美元/吨）	价格涨幅（%）
柠檬酸及加工品	145.18	–2.67	12.66	–48.74	45.69	–17.47	872.02	–47.34
咖啡因及其盐	2.10	–4.98	2.44	–33.33	8.81	–0.55	11619.05	–29.84
松香及加工品	8.09	–4.15	1.66	–22.07	5.99	0.54	2051.92	–18.69

表13　2023年大宗林化产品进口量值与进口价格变化情况

商品名称	数量（万吨）	数量增幅（%）	金额（亿美元）	金额增幅（%）	占进口额比重（%）	比重变动（百分点）	价格（美元/吨）	价格涨幅（%）
天然橡胶与树胶	273.11	3.60	35.72	–11.32	78.64	–2.54	1307.90	–14.40
松香及加工品	12.83	58.00	1.60	13.48	3.52	0.68	1247.08	–28.18

从市场分布看，按贸易额，前5位出口贸易伙伴为日本7.08%、美国7.06%、德国6.51%、印度5.94%、韩国5.56%；与2022年比，前5位贸易伙伴的总份额提高3.20个百分点，其中，韩国、美国、日本和德国的总份额分别提高2.52、1.02、0.95和0.55个百分点。前5位进口贸易伙伴为泰国31.78%、科特迪瓦14.13%、印度尼西亚9.37%、马来西亚8.91%、越南6.91%；与2022年比，前5位贸易伙伴的总份额提高0.72个百分点，其中，科特迪瓦和印度尼西亚的总份额分别提高5.46和0.84个百分点，泰国、越南和马来西亚的份额分别下降3.32、1.31和0.95个百分点。

森林蔬菜、木薯类 出口31.04亿美元，比2022年下降9.32%。其中，食用菌类出口28.66亿美元、竹笋出口2.27亿美元，分别比2022年下降8.81%和13.69%。进口32.61亿美元，比2022年下降23.31%，其中，木薯产品进口32.57亿美元，比2022年下降23.26%。贸易逆差缩小6.72亿美元。

从市场结构看，依贸易额，前5位出口贸易伙伴为中国香港21.80%、越南14.99%、日本10.66%、马来西亚9.36%、泰国7.58%；与2022年比，前5位出口贸易伙伴的总份额提高1.44个百分点，其中，马来西亚和越南的份额分别提高2.45和1.64个百分点，中国香港的份额下降2.38个百分点。主要进口贸易伙伴为泰国72.54%、越南21.96%，分别比2022年下降1.18和0.90个百分点。

茶、咖啡、可可类 出口下降、进口增长，顺差缩小，咖啡类进出口价格下降，可可类和茶的出口价格下降、进口价格上涨（表14）。出口24.88亿美元、进口22.92亿美元，与2022年比，出口下降17.01%、进口增长4.32%、贸易顺差缩减6.05亿美元。其中，茶叶、咖啡类、可可类的出口额分别为17.39亿美元、0.78 亿美元和4.30亿美元，分别比2022年下降16.51%、64.38%和0.69%；茶叶、咖啡类、可可类的进口额分别为1.46亿美元、8.01亿美元和10.33亿美元，与2022年比，茶叶进口持平，咖啡类和可可类进口分别增长11.56%和9.54%。从产品构成看，出口额中，茶叶、咖啡类、可可类的份额分别为69.90%、3.13%和17.28%，与2022年比，茶叶和可可类的份额分别提高0.42和2.84个百分点，咖啡类产品的份额下降4.18个百分点。进口额中，茶叶、咖啡类、可可类的份额分别为6.37%、34.95%和45.07%，与2022年比，茶叶的份额下降0.28个百分点，咖啡类和可可类的份额提高2.27和2.15个百分点。

表14 2023年茶、咖啡、可可类产品进出口变化情况

产品	出口量		出口平均价格		进口量		进口平均价格	
	数量（万吨）	增长率（%）	价格（美元/吨）	涨/跌幅（%）	数量（万吨）	增长率（%）	价格（美元/吨）	涨/跌幅（%）
咖啡类	1.78	-62.21	4369.26	-6.14	15.39	23.42	5201.50	-9.70
茶叶	36.75	-2.08	4731.97	-14.74	3.90	-5.57	3752.93	6.09
可可类	8.71	3.69	4934.62	-4.26	21.76	1.30	4747.53	8.15

市场结构看，茶叶出口市场主要分布于中国香港、东南亚地区、摩洛哥和非洲其他地区，进口市场高度集中于南亚、东南亚和中国台湾；可可类产品出口市场主要分布于中国香港、韩国、菲律宾和美国，进口市场主要集中于东南亚和欧洲；咖啡类产品的出口市场主要分布于俄罗斯、中国香港和欧洲，进口市场高度集中于拉丁美洲、非洲和东南亚，份额向拉丁美洲大幅集中（图26）。

竹、藤、软木类 出口26.68亿美元、进口0.68亿美元，分别比2022年下降15.33%和5.56%，贸易顺差缩小4.79亿美元。出口以竹制餐具及厨房用具、柳及柳编结品（不含家具）、竹及竹编结品（不含家具）为主，竹制餐具及厨房用具和柳及柳编结品的份额提高，竹及竹编结品的份额下降（表15）；进口以软

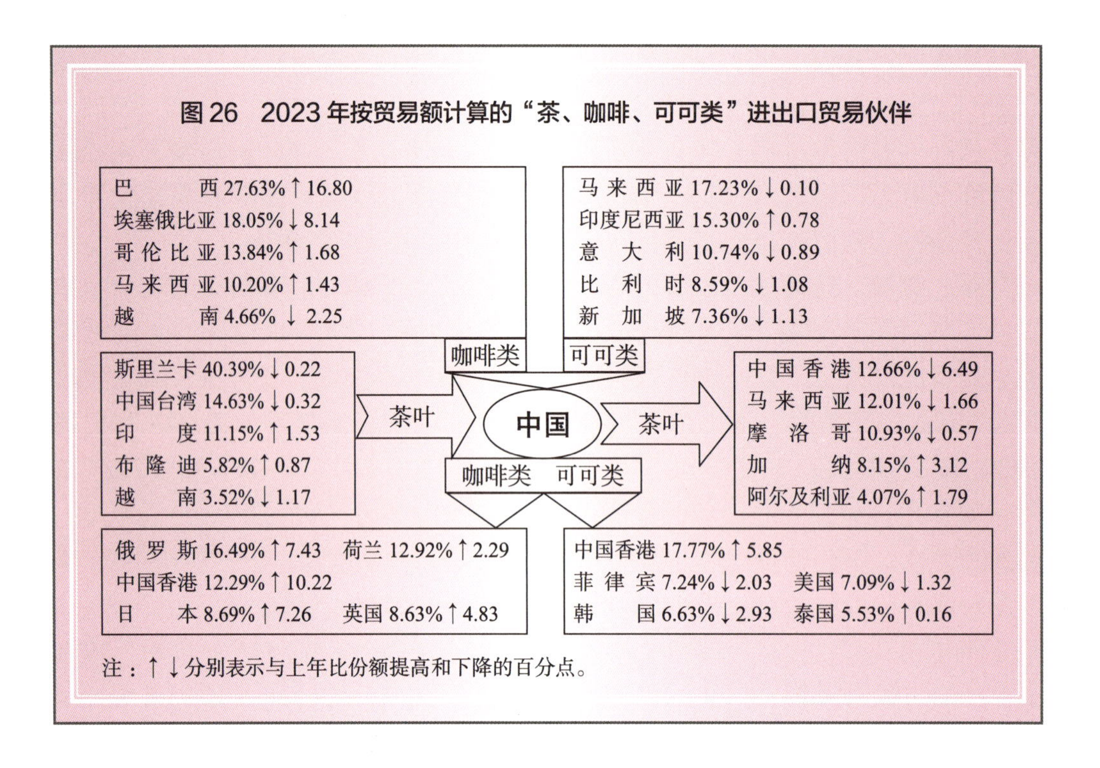

木及其制品、藤及藤编结品（不含家具）为主，份额分别为57.35%和26.47%，分别比2022年提高0.41和1.47个百分点。

表15 2023年主要竹藤制品出口变化情况

产品	出口量（万吨）	出口量增长(%)	出口额(亿美元)	出口额增长(%)	出口额占比(%)	出口额占比变化（百分点）	贸易差额(亿美元)	贸易差额变化(亿美元)
竹制餐具及厨房用具	27.52	-2.52	7.23	-12.79	27.10	0.79	7.22	-1.06
柳及柳编结品	3.62	-21.98	4.34	-12.68	16.27	0.50	4.31	-0.64
竹及竹编结品	15.74	-8.17	2.61	-20.18	9.78	-0.60	2.59	-0.66
竹藤柳家具	1.43	5.93	2.01	-8.64	7.53	0.55	1.98	-0.19
竹地板和竹制特型材	6.74	-30.08	1.09	-28.76	4.09	-0.77	1.09	-0.44
藤及藤编结品	1.11	12.12	0.88	-24.14	3.30	-0.38	0.70	-0.28
竹单板和胶合板	5.04	-4.36	0.67	-15.19	2.51	0.00	0.66	-0.13

从市场结构看，按贸易额，前5位出口贸易伙伴为美国17.98%、日本8.70%、荷兰5.32%、德国4.88%、泰国4.33%，与2022年比，前5位出口贸易伙伴的总份额下降2.76个百分点，其中，美国、荷兰和德国的份额分别下降1.75、0.81和0.46个百分点，泰国和日本的份额分别提高0.81和0.66个百分点。前5位进

口贸易伙伴为葡萄牙44.22%、菲律宾11.87%、马来西亚7.45%、意大利7.45%、法国5.38%。

调料、药材、补品类 出口11.62亿美元、进口14.03亿美元，与2022年比，出口额下降10.82%、进口额增长8.42%，贸易逆差扩大2.41亿元。

按贸易额，调料、药材、补品类出口的前5位贸易伙伴为中国香港16.40%、越南12.04%、日本11.41%、英国5.48%、马来西亚4.56%；与2022年比，前5位贸易伙伴的总份额降低2.01个百分点，其中，越南和马来西亚的份额分别降低3.07和1.62个百分点，英国、中国香港和日本的份额分别提高1.18、0.86和0.64个百分点。前5位进口贸易伙伴为印度尼西亚40.35%、中国香港17.21%、马来西亚16.72%、德国8.00%、新西兰7.19%；与2022年比，前5位贸易伙伴的总份额下降0.23个百分点，其中，德国、马来西亚和新西兰的份额分别下降3.44、3.00和1.26个百分点，印度尼西亚和中国香港的份额分别提高4.63和2.84个百分点。

苗木花卉类 出口5.26亿美元、进口2.76 亿美元，与2022年比，出口额下降8.20%、进口额增长15.97%，贸易顺差缩减0.85亿元。

（三）主要草产品进出口

2023年，草产品出口235.20万美元、进口12.75亿美元，分别比2022年增长49.56%和8.88%，贸易逆额扩大1.04亿美元。出口额和进口额中，草饲料分别占97.44%和84.78%，分别比2022年下降2.46和0.79个百分点。

草种子 出口10.15吨、合6.03万美元，分别是2022年的101.50倍和37.69倍；出口额中，黑麦草种子、紫苜蓿子和草地早熟禾子的份额分别为63.35%、19.73%和16.92%。进口9.63万吨、合1.94亿美元，分别比2022年增长85.19%和14.79%。进口以黑麦草种子、草地早熟禾子和羊茅子为主（表16）。

表16 2023年草种子进口变化情况

商品名称	数量（万吨）	数量增速（%）	金额（亿美元）	金额增速（%）	金额占比（%）	占比变化（百分点）
紫苜蓿子	0.07	–56.25	0.03	–62.50	0.73	–2.35
三叶草子	0.50	127.27	0.13	18.18	5.19	0.96
羊茅子	0.59	–43.81	0.18	–61.70	6.13	–14.06
草地早熟禾子	3.42	776.92	0.53	120.83	35.51	28.01
黑麦草种子	5.05	49.41	1.07	35.44	52.44	–12.56

草饲料 出口333.44吨、合229.17万美元，分别比2022年增长85.34%和45.88%；进口215.77万吨、合10.81亿美元，分别比2022年增长9.13%和7.88%。

其中，紫苜蓿粗粉及团粒进口107.13万吨、合5.38 亿美元、占草饲料进口总额的49.77%，与2022年比，进口量和进口额分别增长2772.12%和4790.91%、占草饲料进口总额的比重提高47.76个百分点；其他草饲料进口108.64万吨、合5.43亿美元，分别比2022年增长43.99%和45.21%。

从市场构成看，按贸易额，草种子进口的前5位贸易伙伴为美国56.60%、加拿大20.16%、丹麦13.69%、新西兰6.97%和阿根廷0.87%；与2022年比，前5位贸易伙伴的总份额提高7.38个百分点，其中，加拿大和美国的份额分别提高12.82和9.72个百分点，阿根廷、丹麦和新西兰的份额分别下降9.53、3.98和1.65个百分点。饲料进口的前3位贸易伙伴为美国85.08%、澳大利亚5.03%、南非4.12%；与2022年比，前3位贸易伙伴的总份额提高1.35个百分点，其中，美国的份额提高9.40个百分点，西班牙和澳大利亚的份额分别下降7.60和1.49个百分点。

生态公共服务

- 基础设施
- 文化活动
- 生态文明教育
- 宣传活动

生态公共服务

（一）基础设施

生态文化场馆　上海市林业总站成为第三批上海自然教育学校（基地）之一。湖北省武陵山区野生动植物标本馆在宜昌市建成，该标本馆占地9000多平方米，收藏野生动植物标本5万余件。广东省珠海市首个园艺实践基地——绿美园艺植物体验馆在珠海市建成开放。

生态休憩场所　四川省建成蜀南竹海、望江楼公园等竹林景区36个、竹文化场馆22个，认定省级翠竹长廊和竹林大道63条、竹林康养基地12个、竹林人家113个。湖南省致力于打造“森林公园+竹旅”“景区+竹旅”“竹海”等模式，全省18个森林公园依托竹林资源发展森林旅游。江苏省推进沿海、沿大运河、沿江、沿淮河等“两纵两横”生态廊道建设，启动黄河故道千里绿色生态廊道建设，建设绿美村庄311个、义务植树基地170个。浙江省认定公布第一批古树名木文化公园120个，一级古道115条，开展诗路文化带项目古道保护修复32条。

生态示范基地　内蒙古大兴安岭汗马国家级自然保护区、吉林长白山国家级自然保护区、黑龙江五大连池国家级风景名胜区等13处中国自然保护地被世界自然保护联盟授予“世界最佳自然保护地”称号。三江源国家公园、河北省塞罕坝机械林场、中国林业科学研究院木材工业研究所木材科普中心等57家单位被授予首批国家林草科普基地。北京市“古建筑木材科学研究与保护国家文物局重点科研基地”揭牌成立，成为林草领域首个国家文物局重点科研基地。广东省新增15家省自然教育基地和3家高品质自然教育基地，截至2023年底，广东省共有省级自然教育基地115个，实现了21个地级市全覆盖。湖南省湘西世界地质公园获评联合国教科文组织“最佳实践奖”。贵州省重点打造5家森林康养示范基地，其中，“贵州省森林康养基地建设试点”荣获贵州省“优秀改革试点”称号。浙江省开展省级生态文化基地遴选活动，创建省级生态文化基地59个，推荐12个市（县）申报国家森林城市。

（二）文化活动

文艺创作　持续打造“秘境之眼”“你好！国家公园”宣传品牌，联合央视制播《国家公园》《望见山水》等11部纪录片，其中，《野性四季：珍稀野生动物在中国》为央视9套年度收视第一。国家广播电视总局推送《“千万工程”29年丨浙江：美丽乡村的“只此青绿”》等一批短视频，创作播出《武夷山·我们的国家公园》《爱在青山绿水间》等一批优秀影视作品。在人民日报全国党媒平台创立绿色中国融媒体中心。推出《第二届国家公园论坛》《努力创造防沙治沙新奇迹》等10余部专题片。组织拍摄《绿色誓言》《超级望望》系列影视作品，电视剧《父辈的荣耀》在央视热播。《总有些野生动植物突破你想象！》荣获2023中国行业媒体短视频大赛最佳创意作品提名奖。完成第三届全国林草短视频大赛评选、展播，讲述精彩林草文化故事。与腾讯签订战略合作协议并推出国家公园、旗舰物种系列融媒体产品，全网触达近13亿人次。组织著名作家走进国家公园采风创作，成果在《光明日报》《人民日报》等中央媒体刊发。举办“我自豪，我是中国林草人”“奋进新征程 建功新时代”全国林草故事诗歌征集活动，收集作品1000余件。

（三）生态文明教育

青少年生态文明教育 “开展‘缅怀革命先烈 传承红色基因’生态文化进校园活动，走进江上青小学”“以竹代塑 绿色‘童’行”“我用儿歌来科普”儿童教育等特色活动，完成2022年大学生生态文化征文活动评审工作。组织全国三亿青少年进森林研学活动，推出7期自然教育导师培训班及竞赛活动，发布53个国家青少年自然教育绿色营地认定目录。举办2023中国自然教育大会，发布《2023—2035全国自然教育中长期发展规划》《2022中国自然教育发展报告》和中国自然教育“广州宣言”，评出205件自然教育文创优秀设计产品，推荐64项自然教育优质活动课程和64本优质书籍，认定246家自然教育基地（学校），大会宣传覆盖人群约1.46亿人次。在植树节，与中国科技馆联合举办“美丽中国”主题活动，该活动线上观看量超20万人次，新闻阅读量超500万人次。

社会公众生态文明教育 组织中央主要媒体赴云南省开展“关注森林·聚焦生物多样性”全媒体记者行活动，编发各类稿件、图片、视频62篇（件），全网总浏览量达100万余次。大型公益活动“绿色中国行”连续开展14年，传播习近平生态文明思想，展示各地贯彻党的二十大精神、践行“两山论”取得的成就。举办“关注森林——北斗·自然乐跑大赛”，全国27个省（自治区、直辖市）136个地级市开启136个赛点722个赛场，累计参加活动超11万人次。以“走进林草科技 共享绿色福祉”为主题，举办“2023全国林业和草原科技活动周”，推出林草科技创新成果展示、林草科普互动体验系列活动。围绕重大纪念节日，在科普日联动10余家全国学会召开弘扬科学家精神座谈会，线上受众100余万人次。组织专家编写科学家精神图书《陈嵘生平及学术思想研究》。聚焦首个全国生态日开展“种下一棵树，点亮一片林”科普互动活动，互动人数达200余万人次。以“爱林护草 亲近自然”为主题，举办“2023全国林业和草原科普讲解大赛”。开展全国林草行业森林消防员和国有林场职业技能竞赛、推荐“绿色生态工匠”和“绿色生态最美职工”、慰问基层生态护林员等宣传实践活动，倡导更多社会力量参与生态文明建设。

（四）宣传活动

生态建设与保护宣传教育 成功举办世界湿地日中国主场宣传活动。《焦点访谈》栏目以“深化林改 山美民富”为题，深入报道集体林权制度改革的工作进展与成效。弘扬“三北精神”，启动建设“三北精神”数字展馆，申请将“三北精神”纳入第二批中国共产党人精神谱系。宣传新版《中华人民共和国野生动物保护法》，持续开展大熊猫保护成效、境外大熊猫巡查、实地探访等系列大熊猫保护与国际合作正面宣传，组建大熊猫科普宣传队伍，开展大熊猫系统化科学知识普及。组织筹办第29个世界防治荒漠化与干旱日国家主场活动，在央视、《人民日报》、新华社等主流媒体集中开展防治荒漠化宣传报道，央视《新闻联播》《焦点访谈》播出防治荒漠化新闻，《人民日报》、新华社等媒体发布相关报道11000余篇，微博话题阅读量达1.4亿。协调中共中央宣传部开展古树名木保护专题宣传，联合央视推出《绿水青山带笑颜》《穿行翠云廊》等微纪录片，《人民日报》开设“古树的故事”专栏，《新闻联播》《焦点访谈》《共同关注》等栏目持续推出专题报道。开展全国防沙治沙先进集体和先进个人表彰活动，全国绿化委员会、人力资源社会保障部、国家林业和草原局授予古浪县八步沙林场“六老汉”三代人治沙造林群体“全国防沙治沙英雄群体”称号。

林草多元媒体宣传教育 《国土绿化》《生态文化》《森林与人类》等中央林草报纸杂志，积极传播生态文明理念，大力弘扬生态文化。围绕习近平总书记在加强荒漠化综合防治和推进“三北”等重点生态工程建设座谈会上的重要讲话精神，开辟专栏专题专刊40多个，推出报道5000余条，在《学习时报》等刊发局领导署名文章。2名林草基层职工入选中共中央宣传部、自然资源部“最美自然守护者”，联合开展“最美生态护林员”评选活动，广泛报道“林业英雄”郭万刚等重大先进典型。全年围绕生态文明出版《荒漠化防治看中国》《综合防治荒漠化 打赢三北攻坚战》等图书637种，其中新书454种，重印书183种。总印数115.71万册，新书71.55万册，重印书44.16万册。

L

P93-97

法治建设

法治建设

（一）立法

立法计划 制定《国家林业和草原局2023年立法工作计划》，确定《中华人民共和国古树名木保护条例》《中华人民共和国风景名胜区条例》《林木种子生产经营许可证管理办法》等重点年度立法工作。推进《中华人民共和国国家公园法》列入十四届全国人大常委会立法规划、国务院2023年度立法工作计划，配合自然资源部完成自然资源部2023年立法工作计划。

国家公园立法 配合司法部做好《中华人民共和国国家公园法（草案）》审核。会同司法部、全国人大常委会法工委赴三江源、大熊猫等国家公园开展立法调研。

生态环境法典编纂 参加全国人大常委会法制工作委员会组织召开的生态环境法典起草小组会议并提出意见建议。向法制工作委员会报送《法典（林草部分建议稿）》。

古树名木保护条例制定 《中华人民共和国古树名木保护条例（草案）》征求社会各界意见，重点难点问题进行专家论证。12月，《中华人民共和国古树名木保护条例（草案）》经国家林业和草原局局务会议审议通过。

自然保护地立法 《中华人民共和国自然保护区条例（送审稿）》经自然资源部部务会议审议通过后报送国务院；配合司法部就《中华人民共和国自然保护区条例（送审稿）》征求意见。继续推进《中华人民共和国风景名胜区条例》修订，公开征求社会意见。

行政法规清理 按照国务院办公厅关于对现行有效行政法规进行集中清理的工作部署，对相关的15部行政法规，按照全面修订、暂不修订、予以废止分类提出清理工作方案报送司法部。

部门规章废止 拟废止4件部门规章于上半年报送自然资源部。9月，《自然资源部关于第五批废止的部门规章的决定》经自然资源部第3次部务会议审议通过，并以自然资源部令第10号予以公布（表17）。

表17 2023年涉林草部门规章废止目录

序号	名称	公布日期	废止日期
1	《森林公园管理办法》	1994年1月22日	2023年9月15日自然资源部令第10号
2	《林业标准化管理办法》	2003年7月21日	
3	《国家级森林公园设立、撤销、合并、改变经营范围或者变更隶属关系审批管理办法》	2005年6月16日	
4	《国家级森林公园管理办法》	2011年5月20日	

其他涉林草法律制（修）订 配合全国人大常委会、司法部做好《中华人民共和国农村集体经济组织法》《中华人民共和国国境卫生检疫法》《中华人民共和国矿产资源法》《中华人民共和国生态保护补偿条例》等法律法规的制（修）订工作。

（二）执法与监督

行政案件查处 全年全国共发生林草行政案件8.81万起，查结8.55万起，查结率97%。各类案件涉及林地1.14万公顷、草原0.22万公顷、自然保护地或栖息地9.23公顷，没收木材0.56万立方米、种子0.02万公斤、幼树或苗木15.67万株、野生动物0.61万只、野生植物9.42万株，案件处罚总金额19.72亿元，行政处罚8.21万人次，责令补种树木778.89万株。

规范性文件管理 印发《2023年规范性文件制定计划》，根据规范性文件制定、修改或者废止情况实时更新国家林业和草原局规范性文件库。截至2023年底，国家林业和草原局现行有效规范性文件共计144件。

行政执法与司法联动 配合最高人民法院出台《最高人民法院关于审理破坏森林资源刑事案件适用法律若干问题的解释》。联合最高人民检察院印发《关于建立健全林草行政执法与检察公益诉讼协作机制的意见》，联合公安部、住房和城乡建设部印发《关于加强协作配合健全防范打击破坏古树名木违法犯罪工作机制的意见》。

执法监管 配合全国人民代表大会完成《中华人民共和国湿地保护法》《中华人民共和国种子法》执法检查，同步组织开展专项整治行动。将防沙治沙目标责任制、草原执法等工作统筹纳入林长制考核评价，指导和督促各地深化部门协作、加大执法监管力度。挂牌督办12个问题严重地区和22起重点案件，督促问题整改。

行政复议及应诉 印发《国家林业和草原局关于贯彻实施新修订行政复议法做好行政复议工作的通知》。全年共办理行政复议案件58件，其中，立案受理52件。共办理行政诉讼案件73件，其中，一审案件42件，二审案件31件。

（三）行政审批改革

清单管理 发布林草行业全部行政许可事项（25个大项、89个子项）实施规范。发布国家林业和草原局局本级实施的行政许可事项（15个大项、22个子项）办事指南。发布《林草行业证明事项清单》。

关键领域改革 完成野生动植物进出口许可改革。将10大物种外的野生动植物进出口许可全部委托省级林草主管部门实施。修改海关“单一窗口”平台有关程序，将野生动植物进出口国内主管部门审批和允许进出口证明书核发两项许可合并办理。取消临时占用林地收取森林植被恢复费的有关规定。

简政放权 将“矿藏勘查、开采以及其他各类工程建设占用林地审核”等

6项之前已经委托、今年到期的行政许可事项延续委托；新增“国务院有关部门所属的在京单位从国外引进林草种子、苗木检疫审批”等5项委托许可事项。截至2023年底，总共委托行政许可11项，占国家林业和草原局局本级全部许可事项的50%。将甘草和麻黄草年度采集计划制定权下放省级林草主管部门实施。将国家级森林公园等各类国家级自然公园（风景名胜区除外）规划审批全部下放省级林草主管部门实施。上线运行国家重点保护陆生野生动物人工繁育许可证、林草种子生产经营许可证、普及型国外引种试种苗圃资格认定共3个电子证照系统。

事中事后监管 印发《国家林业和草原局2023年行政许可“双随机、一公开”检查工作计划》，对约100家企事业单位开展了行政许可监督检查。配合开展野生动植物进出口审批、建设项目使用林地行政许可委托实施情况的评估检查。

（四）普法

开展林草系统“八五”普法规划中期评估。组织开展行政执法人员培训考试，完成公职律师年度考核。参与全国普法工作办公室法治动漫微视频等普法作品征集活动。利用世界湿地日、植树节、世界森林日、世界防治荒漠化与干旱日、《中华人民共和国野生动物保护法》实施、草原普法宣传月等时间节点，开展多种形式的林草法治宣教活动，送法进学校、进社区、进牧户，营造关心林草事业、依法保护林草资源的良好氛围。

专栏14 京津冀建立林草行政执法协作机制

2023年7月，京津冀三省市林草主管部门共同签署了《京津冀林业和草原行政执法协作备忘录》，根据京津冀三地市、区、县毗邻实际，北京市门头沟区等10个区，天津市滨海新区等7个区，河北省承德市兴隆县、滦平县等6个市25个县（市、区）与相互毗邻的县、市、区加强林业和草原行政执法协作和工作衔接，建立执法联络机制、信息共享机制、执法联动机制、协同办案机制、执法交流机制、联合宣传机制等六大工作机制，贯彻落实最严格制度最规范执法最紧密协作，结合国家林业和草原局森林图斑核查、“护松2024”等专项整治行动，在“执法护绿”上下足功夫，携手加大对破坏森林资源违法行为的惩治力度。严格落实“谁执法谁普法”的普法责任制，通过以案说法、以案释法、发布典型案例、联合检察院等司法机关建设宣教基地等方式向行政相对人及社会公众普法，达到“办理一案、教育一片、治理一域”的效果。

在京津冀林草行政执法协作机制的推动下，10月17日，北京市门头沟区园林绿化局与河北省怀来县林业和草原局签署《北京市门头沟区、河北省怀来县京津冀林业和草原行政执法协作备忘录》。9月25日—26日，北京市园林绿化局综合执法大队会同天津市规划和自然资源局综合执法总队共同召开执法检查座谈会，并联合对12家京津林草种子进出口企业开展种子质量、生产、经营档案专项执法检查。10月30日，北京市房山区、河北省涞水县就森林防火行政执法开展联合普法宣传。11月14日，北京市大兴区园林绿化局与河北省廊坊市自然资源和规划局、固安县自然资源和规划局、榆垡镇政府开展跨省联合执法协作及座谈，联合制定《北京市大兴区与河北省廊坊市毗邻县（区）林业和草原行政执法协作实施方案》。12月15日，北京市平谷区、顺义区，天津市蓟州区，河北省三河市、兴隆县林草部门召开京津冀京东片区林业草原执法协作座谈会，首次开展联合执法行动。

M

P99-111

区域林草发展

- 国家发展战略下的重点流域和区域林草发展
- 传统区划下的林草发展
- 国有林区改革与发展
- 国有林场改革与发展

区域林草发展

（一）国家发展战略下的重点流域和区域林草发展

1. 长江经济带林草发展

长江经济带覆盖上海、江苏、浙江、安徽、江西、湖北、湖南、重庆、四川、贵州、云南等11个省（直辖市）。该区域面积约205.23万平方千米，占全国的21.38%。2023年，共有常住人口6.08亿人，占全国的43.18%；地区生产总值为58.43万亿元，占全国的46.71%；人均地区生产总值达9.61万元[③]。长江经济带林草发展状况如表18所示。

表18　2023年长江经济带林草发展状况

指标	数值	占全国的比重（%）
造林面积（万公顷）	181.06	39.05
木材产量（万立方米）	4107.49	32.34
种草改良面积（万公顷）	31.26	7.14
林草产业总产值（亿元）	50634.59	52.12
林下经济产值（亿元）	7535.05	64.98
经济林产品产量（万吨）	9546.08	38.87
林草投资完成总额（亿元）	1273.90	34.98

长江经济带省份强化天然林系统修复，推进天然林保护和公益林管理并轨，加快研究制定天然林保护修复政策和中长期规划。推进流域内岩溶地区石漠化综合治理，以封山育林（草）为主，加大岩溶地区植被保护力度。持续加强穿山甲等珍稀濒危野生动物和苏铁等极小种群野生植物抢救性保护。高质量建设大熊猫国家公园，加快推进钱江源—百山祖、南山、香格里拉等国家公园创建工作。

该区域完成的造林面积为181.06万公顷，占全国造林总面积的39.05%，其中，湖南省的造林面积最高，达到42.50万公顷。该区域木材产量达到4107.49万立方米，占全国的32.34%。其中，湖南省以517.57万立方米的产量位居长江经济带首位。该区域的竹材产量达到162117.44万根，这一数字仅占全国的47.43%。其中，浙江省以22916万根的竹材产量远超其他省份。在锯材产量方

③ 本章中国国土面积按960万平方千米进行计算；涉及的各区域基本情况由各省（自治区、直辖市）2022年中国统计年鉴、各省统计年鉴国民经济和社会发展统计公报数据统计所得。

面，长江经济带区域的锯材产量为2390.44万立方米，占全国的39.37%。其中，安徽省的锯材产量以532.47万立方米领先。此外，长江经济带人造板产量为12977.80万立方米，占全国的35.45%。其中，江西省以598.16万立方米的人造板产量高居该区域第一。

该区域共完成种草改良面积31.26万公顷，占全国的7.14%。该区域的林草产业总值为50634.59亿元，占全国的52.12%。其中，林草第一产业为15508.13亿元，占全国的50.24%；林草第二产业为19471.35亿元，占全国的46.36%；林草第三产业为15655.10亿元，占全国的64.46%。同时，林下经济产值达到7535.05亿元，占全国的64.98%。长江经济带林草经济活跃且发达，林草新质生产力水平较高，林草总产值较高，林草业第三产业发展较好，表现出较高的市场活力和增长潜力。

经济林产品产量为9546.08万吨，占全国的38.87%。其中，森林水果为7026.70万吨，占全国的36.47%；森林干果为180.81万吨，占全国的12.99%；林产饮料为250.73万吨，占全国的71.31%；林产调料为101.66万吨，占全国的52.88%；森林食品为814.58万吨，占全国的64.80%；森林药材为315.15万吨，占全国的50.85%；木本油料为577.26万吨，占全国的59.57%；林产工业原料为279.18万吨，占全国的54.43%。

2023年，长江经济带林草投资完成总额为1273.90亿元，占全国的34.98%。其中，国家投资为815.43亿元，占该区域林草投资完成总额的比重为64.01%，国家投资占全国的33.86%。此外，固定资产投资完成额为121.14亿元，占全国的20.89%，而重点区域生态保护和修复工程项目的投资为45.12亿元，占全国的25.78%。

2. 黄河流域林草发展

黄河流域覆盖青海、四川、甘肃、宁夏、内蒙古、陕西、山西、河南、山东9个省（自治区）。该流域9个省（自治区）行政面积达356.76万平方千米，占全国的37.16%。2023年，共有常住人口4.19亿人，占全国的29.77%；地区生产总值为31.64万亿元，占全国的29.77%；人均地区生产总值为7.55万元。黄河流域林草发展状况如表19所示。

山西、内蒙古、陕西、甘肃、青海、宁夏等6个省（自治区）的363个县（市、区、旗）被纳入《三北工程六期规划》范围，实施库布齐沙漠—毛乌素沙地沙化土地综合治理项目、内蒙古科尔沁沙地综合治理项目等项目。开展科学绿化试点示范，与宁夏、河南、山东省级人民政府联合印发科学绿化试点示范省（自治区）建设实施方案，示范带动黄河流域国土绿化和生态保护修复。高质量建设三江源国家公园，加快推进若尔盖、秦岭、黄河口等国家公园创建工作。

表19　2023年黄河流域林草发展状况

指标	数值	占全国的比重（%）
造林面积（万公顷）	169.43	36.54
木材产量（万立方米）	1202.23	9.47
种草改良面积（万公顷）	346.73	79.19
林草产业总产值（亿元）	18296.67	18.83
林下经济产值（亿元）	1220.58	10.53
经济林产品产量（万吨）	8303.81	33.81
林草投资完成总额（亿元）	981.64	26.95

黄河流域的造林面积达到169.43万公顷，占全国的36.55%。山西省在造林面积方面表现突出，总面积为30.62万公顷，是黄河流域中造林活动最活跃的省份。该区域木材产量为1202.23万立方米，占全国的9.47%，其中，山东省以439万立方米的产量位居黄河流域首位。竹材产量在黄河流域内总体较低，仅占全国的1.55%。但四川省以4636.04万根的竹材产量成为该区域的竹材生产高地。在锯材和人造板产量方面，黄河流域的锯材总产量达到1328.23万立方米，占全国的21.87%，人造板总产量为8685.19万立方米，占全国的23.72%，其中，山东省以982.72万立方米的锯材产量和6796.34万立方米的人造板产量在该区域名列前茅。

黄河流域区域完成种草改良面积346.73万公顷，占全国的79.19%。黄河流域的林草产业总产值达到18296.67亿元，占全国的18.83%。其中，林草第一产业产值为7873.81亿元，占全国的25.51%；林草第二产业产值为6696.41亿元，占全国的15.95%；林草第三产业产值为3726.45亿元，占全国的15.34%。林下经济产值1220.58亿元，占全国的10.53%，该区的林下经济仍具有较大的发展潜力。

在经济林产品方面，黄河流域的总产量为8303.81万吨，占全国的33.81%。其中，森林水果产量为6969.63万吨，占全国的36.18%；森林干果产量为504.70万吨，占全国的36.25%；林产饮料产量为51.59万吨，占全国的14.67%；林产调料产量为58.73万吨，占全国的30.55%；森林食品产量为180.43万吨，占全国的14.35%；森林药材产量为163.07万吨，占全国的26.31%；木本油料产量为242.05万吨，占全国的24.98%；林产工业原料产量为133.61万吨，占全国的26.05%。

该区域林草投资完成总额为981.64亿元，占全国的26.95%，其中，国家投资803.91亿元，占全国的33.39%。此外，固定资产投资完成额为123.29亿元，占全国的21.26%，而重点区域生态保护和修复工程项目投资达到91.90亿元，占全国的52.50%。

3. 京津冀区域林草发展

京津冀地区包括北京市、天津市以及河北省3个省（直辖市）。该区域面积达21.83万平方千米，占全国的2.27%。截至2023年底，共有常住人口1.09亿人，占全国的7.78%；实现地区生产总值10.44万亿元，占全国的8.35%；人均地区生产总值9.54万元。京津冀区域林草发展状况如表20所示。

表20　2023年京津冀区域林草发展状况

指标	数值	占全国的比重（%）
造林面积（万公顷）	17.97	3.88
木材产量（万立方米）	160.28	1.26
种草改良面积（万公顷）	4.92	1.12
林草产业总产值（亿元）	1710.23	1.76
林下经济产值（亿元）	21.46	0.19
经济林产品产量（万吨）	1149.63	4.47
林草投资完成总额（亿元）	221.61	6.09

京津冀区域101个区（县）纳入“三北”工程范围，其中，河北省张家口市、承德市的11个县被纳入“三北”工程六期核心攻坚区。科学开展京津冀国土绿化，实施燕山山地生态综合治理、太行山（河北）生态综合治理、张承坝上地区生态综合治理等项目，加快张家口首都“两区”建设，支持河北察汗淖尔国家湿地公园开展湿地保护修复重大工程。与北京林业大学共同成立京津冀生态率先突破科技协同创新中心。开展重点区域实施鸟类保护专项整治行动。北京市完成《北京森林城市高质量发展五年行动计划》。

京津冀地区的总造林面积为17.97万公顷，占全国造林总面积的3.88%，其中，河北省造林面积为该区域最高，为17.37万公顷。京津冀地区的木材产量为160.28万立方米，占全国的1.26%，其中，河北省木材产量达到148.37万立方米。京津冀地区的锯材产量为157.87万立方米，占全国的2.60%，人造板产量为2148.52万立方米，占全国的5.87%。该区域锯材生产和人造板生产完全来自河北省。

京津冀地区完成种草改良面积4.92万公顷，占全国的1.12%。京津冀的林草产业总产值达到1710.23亿元，占全国的1.76%。其中，林草第一产业产值为753.83亿元，占全国的2.44%；林草第二产业产值为728.28亿元，占全国的1.73%；林草第三产业产值为228.13亿元，占全国的0.94%。林下经济产值21.46亿元，占全国的0.19%。

京津冀地区的经济林产品总产量为1149.63万吨，占全国的4.68%。其中，森林水果产量为966.55万吨，占全国的5.02%；森林干果产量为155.78万吨，占全国的11.19%；林产调料产量为0.39万吨，占全国的0.20%；森林食品产量为0.84万吨，占全国的0.07%；森林药材产量为3.89万吨，占全国的0.63%；木本油料产量为22.18万吨，占全国的2.29%。

该地区林草投资完成总额为221.61亿元，占全国总额的6.08%。国家投资额为210.29亿元，占全国国家投资的8.73%。固定资产投资完成额为34.65亿元，占全国的5.97%。重点区域生态保护和修复工程项目的投资额为6.24亿元，占全国的3.57%。

4. "一带一路"区域林草发展

"一带一路"是"丝绸之路经济带"和"21世纪海上丝绸之路"的简称，区域共计18个省（自治区、直辖市）。其中，"丝绸之路经济带"包括新疆、重庆、陕西、甘肃、宁夏、青海、内蒙古、黑龙江、吉林、辽宁、广西、云南、西藏13个省（自治区、直辖市），"21世纪海上丝绸之路"包括上海、福建、广东、浙江、海南5个省（直辖市）。该区域18个省（自治区、直辖市）行政区划面积合计达748.18万平方千米，占全国的77.94%。2023年，区域共有常住人口6.26亿人，占全国的44.48%；区域生产总值合计57.53万亿元，占全国的45.99%；人均地区生产总值为9.19万元。"一带一路"区域林草发展状况如表21所示。

表21　2023年"一带一路"区域林草发展状况

指标	数值	占全国的比重（%）
造林面积（万公顷）	264.49	57.05
木材产量（万立方米）	8988.33	70.77
种草改良面积（万公顷）	397.47	90.78
林草产业总产值（亿元）	47908.69	49.31
林下经济产值（亿元）	6051.77	52.19
经济林产量（万吨）	3124.39	53.44
林草投资完成总额（亿元）	2200.84	60.43

"一带一路"区域的造林面积为264.49万公顷，占全国的57.05%。"一带一路"区域的木材产量达到8988.33万立方米，占全国的70.77%。该区域竹材产量为209658.15万根，占全国的61.34%，该区域锯材产量为3075.65万立方米，占全国的50.65%。该区域人造板产量为14427.75万立方米，占全国的39.41%，其中，广西壮族自治区的竹材产量、锯材和人造板产量皆为该区域最高，分别为54354.79万根、1511.72万立方米和7432.91万立方米。

“一带一路”区域共完成种草改良面积397.47万公顷，占全国的90.78%。林草产业总产值达到47908.69亿元，占全国的49.31%。其中，林草第一产业产值为15218.97亿元，占全国的49.30%；林草第二产业产值为21731.77亿元，占全国的51.75%；林草第三产业产值为10957.95亿元，占全国的45.12%。林下经济产值6051.77亿元，占全国的52.19%。

“一带一路”区域的经济林产品总产量为13124.39万吨，占全国的53.44%。其中，森林水果产量为10051.95万吨，占全国的52.17%；森林干果产量为767.33万吨，占全国的55.11%；林产饮料产量为181.43万吨，占全国的51.60%；林产调料产量为154.11万吨，占全国的80.17%；森林食品产量为762.96万吨，占全国的60.69%；森林药材产量为322.70万吨，占全国的52.07%；木本油料产量为573.95万吨，占全国的59.23%；林产工业原料产量为345.95万吨，占全国的67.45%。

该区域林草投资完成总额为2200.84亿元，占全国的60.43%，国家投资1424.72亿元，占区域投资的64.74%，显示了政府对这一关键地区生态建设的高度重视。固定资产投资完成额为427.07亿元，占全国的73.65%。此外，重点区域生态保护和修复工程项目的投资完成额达到108.85亿元，占全国的62.18%。

截至2023年，我国与“一带一路”沿线国家的林产品贸易总额为748.82亿美元，同比减少3.18%；其中，进口额为431.82亿美元，同比减少0.06%；出口额为317.00亿美元，同比减少7.05%。

（二）传统区划下的林草发展

1. 东部地区林草发展

东部地区包括北京、天津、河北、山东、上海、江苏、浙江、福建、广东、海南10个省（直辖市）。东部地区林草发展状况如表22所示。该区林业产业居于全国领先地位，林草旅游业及木竹产品加工业蓬勃发展。

表22　2023年东部地区林草发展状况

指标	数值	占全国的比重（%）
造林面积（万公顷）	53.82	11.61
木材产量（万立方米）	3422.72	26.95
种草改良面积（万公顷）	4.92	1.12
林草产业总产值（亿元）	37027.45	38.11
林下经济产值（亿元）	2986.58	25.76
经济林产品产量（万吨）	6600.43	26.87
林草投资完成总额（亿元）	607.68	16.69

东部地区的造林面积为53.82公顷，占全国的11.61%。其中，河北省的造林面积最大，达到17.37万公顷。东部地区的木材产量达到了3422.72万立方米，占全国的26.95%，其中，广东省的木材产量最高，达1376.01万立方米。在竹材产量方面，东部地区的产量达到了148073.26万根，占全国的43.32%，其中，福建省以80792万根的产量遥遥领先。而在木材加工方面，东部地区的锯材产量为2105.39万立方米，占全国的34.67%。山东省在锯材产量方面表现突出，达到982.72万立方米。此外，东部地区的人造板产量达到了17811.52万立方米，占全国的48.65%。其中，山东省以6796.34万立方米的人造板产量位居该区域第一。

东部地区林草产业总产值达到37027.45亿元，占全国的38.11%。其中，林草第一产业产值为8461.62亿元，占全国的27.41%；林草第二产业产值为22018.55亿元，占全国的52.43%；林业第三产业产值为6547.29亿元，占全国的26.96%。林下经济产值2986.58亿元，占全国的25.76%。

在经济林产品方面，东部地区的总产量为6600.43万吨，占全国的26.87%。其中，森林水果产量为5285.80万吨，占全国的27.44%；森林干果产量为340.14万吨，占全国的24.43%；林产饮料产量为97.01万吨，占全国的27.59%；林产调料产量为17.75万吨，占全国的9.23%；森林食品产量为536.27万吨，占全国的42.66%；森林药材产量为93.22万吨，占全国的15.04%；木本油料产量为84.09万吨，占全国的8.68%；林产工业原料产量为146.15万吨，占全国的28.50%。

该地区林草投资完成总额达到607.68亿元，占全国的16.69%，在林草产业的投资结构中，国家投资额为524.38亿元，占全国的21.78%；固定资产投资完成额为47.09亿元，占全国的8.12%；重点区域生态保护和修复工程项目的投资为12.81亿元，占全国的7.32%。

2. 中部地区林草发展

中部地区包括山西、安徽、江西、河南、湖北、湖南6个省。中部地区的林草发展状况如表23所示。该区林业产业产值持续增长，油茶和种苗产业实力较强。

表23　2023年中部地区林草发展状况

指标	数值	占全国的比重（%）
造林面积（万公顷）	143.81	31.02
木材产量（万立方米）	2126.88	16.75
种草改良面积（万公顷）	9.25	2.11
林草产业总产值（亿元）	26308.85	27.08
林下经济产值（亿元）	3881.29	33.47
经济林产品产量（万吨）	5455.13	21.21
林草投资完成总额（亿元）	624.23	17.14

中部地区的造林面积为143.81万公顷，占全国的31.02%。在这一指标中，湖南省的造林面积最高，达到42.50万公顷。中部地区的木材产量为2126.88万立方米，占全国的16.75%。湖南省以517.57万立方米的木材产量位居该区第一。在竹材产量方面，中部地区的总产量达到了123074.45万根，占全国的36.01%。其中，湖北省以43608万根的竹材产量位居第一。中部地区的锯材产量为1299.08万立方米，占全国的21.39%。其中，安徽省以532.47万立方米的锯材产量居区域第一。在人造板生产方面，中部地区的人造板产量为6965.07万立方米，占全国的19.02%。安徽省在这方面同样表现突出，人造板产量达到3054.19万立方米。

该区域完成种草改良面积9.25万公顷，占全国种草改良总面积的2.11%。林草产业总产值达到26308.85亿元，占全国的27.08%。其中，林草第一产业产值为8561.90亿元，占全国的27.74%；林草第二产业产值为10211.22亿元，占全国的24.31%；林草第三产业产值为7535.72亿元，占全国的31.03%。林下经济产值为3881.29亿元，占全国的33.47%。该地区林下经济活跃，林业经济产业发展潜力较大。

在经济林产品方面，中部地区的总产量为5455.13万吨，占全国的22.21%。其中，森林水果产量为4226.72万吨，占全国的21.93%；森林干果产量为323.06万吨，占全国的23.20%；林产饮料产量为92.50万吨，占全国的26.31%；林产调料产量为11.67万吨，占全国的6.07%；森林食品产量为247.41万吨，占全国的19.68%；森林药材产量为217.02万吨，占全国的35.02%；木本油料产量为300.03万吨，占全国的30.96%；林产工业原料产量为36.72万吨，占全国的7.16%。

中部地区林草投资完成总额达到624.23亿元，占全国总额的17.14%；国家投资额为434.18亿元，并占全国的18.03%；固定资产投资完成额为53.72亿元，占全国的9.26%；重点区域生态保护和修复工程项目的投资为38.35亿元，占全国的21.91%。

专栏15　中部地区林草事业稳定发展

2023年，中央累计安排中部六省林草资金236.73亿元。启动实施南岭山地森林及生物多样性保护工程、武陵山区生物多样性保护工程等一批重点生态工程，推进吕梁山、洞庭湖流域等14个林草区域性系统治理项目建设。支持完成造林1874.81万亩、种草改良136.97万亩，治理沙化石漠化土地214.8万亩，建设国家储备林93.75万亩。将武汉、庐山国家植物园候选纳入《国家植物园体系布局方案》。会同江西、福建两省完善武夷山国家公园局省联席会议机制，批复《武夷山国家公园总体规划（2023—2030年）》，批复江西南风面、湖北九宫山、湖南八大公山等4个国家级自然保护区总体规划和安徽塔川、湖北汉江瀑布群、湖北巴东等3处国家级森林公园总体规划。安排中部六省中央财政生态护林员补助资金14.69亿元，支持选聘续聘21万名脱贫人口为生态护林员，支持安徽省举办2023年中国·合肥苗木花卉交易大会和建设全国（合肥）苗木花卉交易信息中心，举办第十六届中国义乌国际森林产品博览会。支持安徽省建设"松材线虫预防与控制技术""林木材质改良与高效利用"2个重点实验室和湖南省建设湖南南山草原生态站。

3. 西部地区林草发展

西部地区包括内蒙古、广西、重庆、四川、贵州、云南、西藏、陕西、甘肃、青海、宁夏、新疆12个省（自治区、直辖市）。西部地区林草发展状况如表24所示。该区生态建设和生态修复任务艰巨，区内经济林产品和林产化工产品生产实力雄厚，木竹生产和加工产业欣欣向荣。

表24 2023年西部地区林草发展状况

指标	数值	占全国的比重（%）
造林面积（万公顷）	240.93	51.97
木材产量（万立方米）	6479.09	51.01
种草改良面积（万公顷）	417.66	95.39
林草产业总产值（亿元）	30081.92	30.96
林下经济产值（亿元）	4160.74	35.88
经济林产品产量（万吨）	11689.09	47.59
林草投资完成总额（亿元）	2017.67	55.40

西部地区的造林面积为240.93万公顷，占全国的51.97%。其中，内蒙古自治区和四川省的造林面积分别为31.44万公顷和12.31万公顷，展现了这两个省（自治区）在生态建设和防风固沙等方面的显著成就。西部地区的木材产量达到了6479.09万立方米，占全国的51.01%。在这12个省份中，广西壮族自治区的木材产量最高，达到4245.96万立方米。在竹材产量方面，西部地区的总产量为70650.17万根，占全国的20.67%。广西壮族自治区以54354.79万根的产量位居全国前列。西部地区的锯材产量为2297.47万立方米，占全国的37.84%。其中，广

西壮族自治区的锯材产量达到1511.72万立方米，位居西部地区之首。在人造板生产方面，西部地区的人造板产量为8628.86万立方米，占全国的23.57%。广西壮族自治区再次成为西部地区的领头羊，其人造板产量达到7432.91万立方米。

该地区共完成了种草改良面积417.66万公顷，占全国的95.39%。林草产业总产值达到30081.92亿元，占全国的30.96%。其中，林草第一产业产值为12146.14亿元，占全国的39.35%；林草第二产业产值为8691.57亿元，占全国的20.70%；林草第三产业产值为9244.22亿元，占全国的38.06%。林下经济产值为4160.74亿元，占全国的35.88%。

西部地区的经济林产品总产量为11689.09万吨，占全国的47.59%。其中，森林水果产量为9127.52万吨，占全国的47.38%；森林干果产量为665.35万吨，占全国的47.79%；林产饮料产量为161.54万吨，占全国的45.94%；林产调料产量为162.81万吨，占全国的84.70%；森林食品产量为393.26万吨，占全国的31.28%；森林药材产量为271.99万吨，占全国的43.89%；木本油料产量为576.76万吨，占全国的59.52%；林产工业原料产量为329.87万吨，占全国的64.32%。

西部地区林草投资完成总额达到2017.67亿元，占全国总额的55.40%。其中，国家投资额为1119.87亿元，并占全国国家林草投资的46.51%；固定资产投资完成额为451.70亿元，占全国的77.89%；重点区域生态保护和修复工程项目的投资为108.59亿元，占全国的62.03%。

专栏16 西部地区林草事业高质量发展

2023年，全年中央累计安排西部省份林草资金757.42亿元。布局实施三江源生态保护和修复、西藏“两江四河”造林绿化与综合整治、内蒙古高原生态保护和修复等“双重”工程项目；重点推进黄河源、长江源、乌兰布和沙漠等林草区域性系统治理项目建设。支持西部地区完成造林2546.58万亩、种草改良4813.92万亩，治理沙化石漠化土地2104.3万亩，将2097.86万亩沙化土地纳入中央财政沙化土地封禁保护补偿范围。将成都、秦岭、林芝等8个国家植物园候选园纳入《国家植物园体系布局方案》，支持云南西双版纳亚洲象救护中心和甘肃武威高鼻羚羊种源繁育及野化基地建设；发布内蒙古自治区巴彦淖尔市乌梁素海等15处国家重要湿地。会同青海省、西藏自治区、四川省、甘肃省、陕西省建立三江源、大熊猫国家公园局省联席会议机制，批复《三江源国家公园总体规划》《大熊猫国家公园总体规划》；支持青海省以国家公园为主体的自然保护地体系示范省建设，与西藏自治区共建青藏高原国家公园示范区。

举办第一届世界林木业大会、第三届中国新疆特色林果产品博览会、第十六届中国义乌国际森林产品博览会；安排西部地区中央财政生态护林员补助资金44.6亿元，支持选聘55万名脱贫人口为生态护林员；批复成立内蒙古科尔沁草原站、贵州赤水竹林站等5个国家陆地生态系统定位观测研究站。

4. 东北地区林草发展

东北地区包括辽宁、吉林、黑龙江（包含大兴安岭地区）3个省。东北地区林业发展状况如表25所示。该区是当前国有林业改革的重点区域，林业产业处于绿色转型的进程之中。

表25　2023年东北地区林草发展状况

指标	数值	占全国的比重（%）
造林面积（万公顷）	25.05	5.40
木材产量（万立方米）	672.25	5.29
种草改良面积（万公顷）	6.02	1.38
林草产业总产值（亿元）	3733.32	3.84
林下经济产值（亿元）	566.47	4.89
经济林产品产量（万吨）	816.39	3.17
林草投资完成总额（亿元）	353.33	9.70

东北地区的造林面积为25.05万公顷，占全国的5.40%。黑龙江省的造林面积最大，达到9.84万公顷。东北地区的木材产量为672.25万立方米，占全国的5.29%。吉林省的木材产量最高，达到256.74万立方米。东北地区的锯材产量为370.50万立方米，占全国的6.10%。在人造板生产方面，东北地区的产量为3206.88万立方米，占全国的8.76%。吉林省在人造板生产方面领先，产量达到3066.48万立方米。

该地区共完成了种草改良面积6.02万公顷，占全国的1.38%。林草产业总产值达到3733.32亿元，占全国的3.84%。其中，林业第一产业产值为1698.67亿元，占全国的5.50%；林业第二产业产值为1096.61亿元，占全国的2.61%；林业第三产业产值为959.28亿元，占全国的3.95%。林下经济产值为566.47亿元，占全国的4.89%。

在经济林产品方面，东北地区的总产量为816.39万吨，占全国的3.32%。其中，森林水果产量为626.04万吨，占全国的3.25%；森林干果产量为63.84万吨，占全国的4.59%；林产饮料产量为0.57万吨，占全国的0.16%；森林食品产量为80.22万吨，占全国的6.38%；森林药材产量为37.49万吨，占全国的6.05%；木本油料产量为8.11万吨，占全国的0.84%；林产工业原料产量为0.13万吨，占全国的0.03%。

东北地区林草投资完成总额为353.33亿元，占全国的9.70%。其中，国家投资额达到299.08亿元，占全国的12.42%；固定资产投资完成额为22.59亿元，占全国的3.89%；重点区域生态保护和修复工程项目的投资为13.87亿元，占全国的7.92%。东北地区的单位林地面积投资额为1055.61元/公顷，低于其他区域水平。

（三）国有林区改革与发展

各森工（林业）集团全年共完成森林抚育62.42万公顷，有害生物防治45.03万公顷。持续开展森林督查，严厉打击破坏森林资源违法行为，重点国有林区违法案件数量不断下降。未发生重特大森林火灾和松材线虫等重大生物灾害，其中，吉林长白山森工集团实现连续43年无重大森林火灾目标。

各森工（林业）集团在确保森林资源安全、搞好主责主业的前提下，加强林区产业转型。大兴安岭林业集团2023年实现营业收入12.77亿元。龙江森工集团打造“森”标高端品牌，开发12大类、160多种森林食品，进驻大型商超连锁店800余家，品牌价值进一步提升。

各森工（林业）集团加强民生保障性基础设施建设，推进职工增收，据统计，大兴安岭、内蒙古、吉林长白山、龙江、伊春森工（林业）集团在岗在册职工人均工资分别增长到6.87、7.22、6.90、6.58、6.40万元/年。

（四）国有林场改革与发展

印发《国有林场试点建设实施方案》，以服务集体林权制度改革、参与防沙治沙和切实保障“三北”等重点生态工程良种壮苗供应为重点，打造600个试点国有林场。印发《国有林场新型森林经营方案编制指南》。印发《国有林场（林区）管护用房2023—2025年建设方案》。2023年，安排内蒙古、吉林、黑龙江、江西、湖北、湖南等6个省（自治区）管护用房试点任务761处，中央投资16385万元。财政部投入资金7亿元支持欠发达国有林场建设，在21个省（自治区、直辖市）的1757个国有林场开展项目建设。全国有275人通过“三支一扶”形式分配到国有林场任职。印发《关于支持塞罕坝机械林场二次创业的若干措施》，建立台账并形成定期调度工作机制，有效落实各项支持措施。

N

P113-119

支撑保障

- 科技
- 安全管理
- 教育与人才培养
- 信息化
- 林业工作站

支撑保障

（一）科技

林草领域新增3位中国工程院院士，“两院”院士总数达到15位。中央财政安排林业科技资金6.15亿元，其中，部门预算5209万元。中央财政林草科技推广示范转移支付资金7亿元，生态站、重点实验室基本建设经费1.2亿元，基本科研业务费1.26亿元。

1. 项目实施

启动实施“互花米草可持续治理技术研发”“野生动植物和古树名木鉴定技术及系统研发”等2个应急揭榜挂帅项目。实施农业生物育种林草领域重大项目，启动“杨树、松树抗逆抗虫高产新品种设计与培育”等4个项目，拨付经费1.48亿元。获批“林业种质资源培育与质量提升”等6个国家重点研发计划的27个专项，拨付经费4.67亿元。实施中央财政林草科技推广示范项目674个，总金额7亿元。林草科技成果国家级推广项目新立项40项，合同金额1000万元。联合国家统计局推进中国森林草原资源及生态系统服务核算研究项目。

2. 能力建设

科研队伍建设　印发《林草科技创新人才管理办法》，2人获批国家高层次人才领军人才，遴选出第五批林草科技创新青年拔尖人才22名、领军人才21位和创新团队18个，遴选第三批共计100名最美林草科技推广员，聘任第四批共计300名国家林草乡土专家。

智力引进　比利时天堂动物园创始人、董事长埃里克·董博先生获得2023年度中国政府友谊奖，表彰他为中国濒危物种保护和中比友好作出的重要贡献。获批“林草种质资源鉴定评价与溯源技术研究”等4项国家外国专家项目，监督管理2家国家引才引智基地，引进高端外国专家78人次。受理报送国家公派出国留学项目5批次共24人，录取17人。新增“乡村振兴人才培养专项”“创新型人才国际合作培养项目”项目申报受理权限。

3. 基础设施建设

重点实验室　推进林木遗传育种全国重点实验室重组工作，印发《林木遗传育种全国重点实验室建设方案》。成立菌草科学与技术、植物迁地保护、华南植物迁地保护与利用等3个国家林业和草原局重点实验室，重组国家林业和草原局大熊猫重点实验室。完成国家林业和草原局重点实验室5年综合评估工作。修订《国家林业和草原局重点实验室管理办法》。组织完成国家林业和草原局所属科研单位2023年中央级科研院所和高等院校等单位重大科研基础设施和大型科研仪器开放共享评估考核工作。

陆地生态系统定位观测研究站 印发《国家陆地生态系统定位观测研究站发展方案（2023—2025年）》和《国家陆地生态系统定位观测研究站管理办法》。成立森林、草原、湿地、荒漠、城市、农田防护林、竹林、国家公园等8个生态系统定位观测研究站专业组。组建"三北"工程区生态站联合观测网络。完成《草原生态站观测指标体系》，编制《农田防护林生态站观测指标体系》《国家公园生态站观测指标体系》《生态站数据管理实施细则》。成立四川米亚罗森林等8个生态站。完成上海城市森林站等20个生态站有关工作变更申请。组织督促4类共77个生态站完成整改。

工程技术研究中心 评审兰科植物保护与利用等11个工程技术研究中心，对123个工程技术研究中心进行评估，对第一批评估中整改不合格的枸杞和人造板装备工程技术研究中心予以摘牌。启动第二批工程中心评估。

创新平台 与福建省人民政府依托福建农林大学和漳州市人民政府共建"海峡花卉产业科技创新高地"。成立"古树健康保护"等10个创新联盟。国家林草装备科技创新园组织开展第一批国家林草机械装备创新试验示范基地试点。

4. 标准体系建设

印发《林业和草原标准化管理办法》。成立林草工程建设、野生植物、林草应对气候变化等3个行业标准化技术委员会，截至2023年底，国家林业和草原局共有全国标准化技术委员会和分技术委员会27个，行业标准化技术委员会7个。国家标准申报34项，立项41项，发布43项。行业标准立项86项，发布41项。系统梳理国家林业和草原局归口管理的国家标准159项，其中64项国家标准调至相应标准化技术委员会，11项在编国家标准计划归口调整为相关标准化技术委员会。国际竹藤中心原主任费本华荣获中国标准创新贡献奖突出贡献奖。

5. 科技推广和科普

国家林草科技推广成果库新入库800多项成果，库存总数达到1.37余万项。出版《油茶产业发展实用技术》。举办10期国家林草科技大讲堂直播培训，各平台媒体累计发布大讲堂培训视频800余条，累计播放量突破6000万人次。联合科学技术部认定首批国家林草科普基地57家，举办科普基地交流活动。举办主题为"走进林草科技 共享绿色福祉"的全国林草科技活动周、首届全国林草科普微视频大赛。组织开展首届全国林草科学实验展演汇演活动。组织举办全国林草科普讲解大赛，3人参加第十届全国科普讲解大赛获奖，2部作品入选全国优秀科普作品。

6. 植物新品种保护与知识产权

植物新品种保护 发布《中华人民共和国植物新品种保护名录（林草部分）（第九批）》。制定了枸杞、桂花、芦竹、樱桃4个品种实质性派生品种鉴定方法。受理国内外植物新品种权申请1906件，授权915件，授权量较去年增长

40.55%。其中，授予台湾同胞申报的‘矗属’植物新品种权是国家林业和草原局首次向台胞授权。累计受理林草植物新品种申请10742件，授权4970件。选出优良林草植物新品种典型案例13个，并精选出5个可复制、可推广的植物新品种典型惠农案例。完成国内外林草植物新品种初步审查1828件，组织完成植物新品种实质审查948件。

知识产权 完成“十四五”规划中期评估及国家林业和草原局2023年知识产权强国建设重点任务落实情况报告，完成了《2022年中国知识产权保护状况》白皮书、《中国知识产权年鉴（2022）》林草知识产权相关材料。组织实施了“重瓣紫薇植物新品种‘云裳’转化运用”“金银花植物新品种‘丰蕾’转化运用”和“一种提高大花红景天成苗率的育种方法”等8项林草专利和授权植物新品种转化运用项目。对“杜仲叶林丰产栽培技术及其精粉产品产业化开发”“龙脑樟地理标志产品产业化推广”和“白蜡新品种繁育专利技术产业化”等43项林草知识产权转化运用项目进行了现场查定和验收。开展2023年全国林草知识产权宣传周系列活动。召开全国森林可持续经营与森林认证标准化技术委员会（TC360）标准审定会和2023年年会。已印发的《全国森林可持续经营试点实施方案（2023—2025）》接受了森林认证内容。

（二）安全管理

1. 产品质量安全

印发《2023—2025年省级食用林产品质量监测工作计划》，开展2023年林产品质量监测工作。全年完成省级食用林产品质量安全监测6.7万批次。举办2023年度食品安全周活动。圆满完成杭州亚运会食用林产品供应安全保障工作。

2. 生物安全管理

全年受理林木转基因行政许可申请40件，下发许可通知40份。对中国林业科学研究院等单位的30项申请事项进行了安全性评价。组织实施林草资源遗传多样性调查与评价项目13项。

（三）教育与人才培养

1. 教育人才

与福建农林大学签署新一轮共建协议。落实教育部等7家单位共建西北农林科技大学文件精神。国家林业和草原局“十四五”涉林涉草院校规划教材（第二批）立项共220种。举办第五届全国职业院校林草技能大赛。召开林草院校校长论坛，54家院校和科研机构负责人参加。部署开展了2023年度林业工程职称申报工作，共有31个单位761人进行申报。有41、101、195、226人通过正高级工程师、高级工程师、工程师、助理工程师资格评审。

专栏17 强化火灾科学处置 高效应对雷击火挑战

森林草原雷击火灾呈高发态势，2023年共发生的森林火灾328起中，因雷击引发森林火灾74起，占比达22.6%。持续实施森林雷击火防控揭榜挂帅应急科技项目二期工程，在大兴安岭林区、四川凉山、新疆阿尔泰、河北塞罕坝、福建武夷山国家公园等雷击高火区域推广应用森林雷击火防控科技成果。雷击火监测处置能力水平大幅提升，平均监测处置用时从最初3小时16分钟缩短至1小时36分钟，使夏季密集爆发的雷击火均得到及时高效处置，全力守住了重点区域的人民群众和林草资源安全。实施森林雷击火防控科技攻关项目，在四川凉山、新疆阿尔泰、河北塞罕坝、福建武夷山国家公园等重要区域推广应用森林雷击火防控科技成果。同时，实施森林雷击火防控科技攻关项目二期工程，全国重点林区雷电探测网和火险监测网初步建成。

2. 行业培训

全年共组织4名中央管理干部、100名司局级正职领导干部、1400余名副处级以上干部参加党的二十大专题轮训。承办中共中央组织部委托举办的“推进林长制专题研究班”，调训地市级党委政府分管负责同志47名。承办人力资源和社会保障部高级研究班“国家公园建设高级研修班”，调训高级技能人才60人。开展行业干部职工专题培训，全年共举办121个培训班，培训17072人次。举办第一期青年干部培训班，培训国家林业和草原局优秀青年干部37人。举办市县级林业和草原局局长综合业务培训班，培训学员125人。举办新录用人员培训班、林草知识培训班、处级干部任职培训班、处级干部在职培训班等多个公务员法定培训班次。

（四）信息化

1. 林草生态网络感知系统

印发《国家林业和草原局林草生态网络感知系统管理办法（试行）》。更新林草资源图系统数据，完成2022年林草生态综合监测数据入库，实现图斑监测遥感卫片按季度推送。优化完善国土绿化落地上图系统、国家公园感知系统、森林草原防火感知系统、松材线虫病疫情防控监管系统及生态护林员联动管理系统等。

2. 政务服务

林草政府网站共发布信息47941条，新增点击量3.16亿次，影响力不断扩大。林草网上行政审批平台访问量超过10万人次、办理许可事项900余件。开展机房资产梳理，依托现有高级持续性威胁（APT）攻击预警平台等主动防护和攻击检测设备。信息中心被公安部评为国家网络与信息安全信息通报工作成绩突出单位。

3. 重点项目

完成国家林业和草原局电子政务内网建设项目、生态环境保护信息化工程（国家林业和草原局建设部分）、全国林业高清视频会议系统建设项目、林业资源综合监管信息系统建设项目、国家卫星林业遥感数据应用平台建设项目、信息技术创新工程项目等6个基础设施建设项目的竣工验收工作。逐步开展国家林业和草原局现有网络和应用系统的IPv6改造工作。编制“生态环境优化工程（林草生态网络感知系统建设内容）”的框架方案。

（五）林业工作站

1. 基本情况

全国有地级林业工作站148个，管理人员2185人；县级林业工作站1318个，管理人员17510人。全国共有乡镇林业工作站25487个，覆盖全国91.85%的乡镇，较2022年增加了2165个，增长9.28%。其中，按机构设置形式划分，独立设置的林业工作站7743个（含按乡设站6928个、按区域设站815个），作为县级林业和草原主管部门派出机构（以下简称垂直管理）的有3996个，县、乡双重管理的有1449个，乡镇管理的有20042个，分别占林业工作站总数的15.68%、5.69%、78.63%。全国乡镇林业工作站共有在岗职工89392人，其中，具有大专及以上学历人数为64796人，占职工总数的72.49%；专业技术人员44145人，占49.38%。中央预算内标准化林业工作站建设投资1.45亿元，共安排18个省（自治区）、403个乡镇林业工作站开展标准化建设。对23个省（自治区）开展标准站建设验收，鼓励地方投资建设的林业工作站纳入国家标准工作站检查验收范畴。全年共有426个标准工作站通过验收并被授予“全国标准化林业工作站”称号。

2. 基础设施

全国完成林业工作站基本建设投资2.93亿元，其中，中央投资1.47亿元，带动地方投资1.46亿元。全国共有418个乡镇林业工作站新建业务用房，新建面积4.34万平方米，476个林业工作站新购置交通工具，1467个林业工作站新配备计算机。通过持续开展标准化建设，乡镇林业工作站基础设施条件得到改善。截至2023年底，全国共有13518个林业工作站拥有自有业务用房，面积239.8万平方米。共有8049个林业工作站拥有交通工具11950台。共有22447个站配备计算机57123台。

专栏18 2023年林业工作站主要成果

全国共有5744个乡镇林业工作站受县级林草主管部门的委托行使林业行政执法权。

全年办理林政案件55282件，调处纠纷32451件。

全国共有6579个林业工作站开展“一站式”“全程代理”服务，共有10235个的林业工作站参与开展森林保险工作。

全年共开展政策等宣传工作186.1万人天。培训林农428万人次。

指导、扶持林业经济合作组织5.5万个，带动农户206.7万户。

拥有科技推广站办示范基地8.3万公顷，全年开展科技推广31.2万公顷。

共管理指导乡村生态护林员163.1万人，护林员管护林地2.77亿公顷，人均管护169.83公顷。

共指导扶持乡村林场1.98万个，其中，集体林场10539个，家庭林场9145个。

O P121-127

开放合作

- 政府间合作
- 民间合作与交流
- 履行国际公约
- 专项国际合作
- 重要国际会议

开放合作

（一）政府间合作

重大外事外交活动 与加蓬、新加坡、新西兰、柬埔寨等国新签署4项林草领域合作协议，内容包括国家公园、湿地、森林和野生动植物保护合作等。6月，举办“中法国家公园体系对话”活动，探索和完善中法两国的国家公园管理模式和运行方式。8月，在第九届库布其国际沙漠论坛开幕式上，与阿拉伯国家联盟秘书处共同签署了《关于建立中阿干旱、荒漠化和土地退化国际研究中心的谅解备忘录》。中阿干旱、荒漠化和土地退化国际研究中心揭牌与启动首批合作项目是中国国家主席习近平在2022年12月首届中国–阿拉伯国家峰会上提出的中阿务实合作“八大共同行动”内容之一。9月，中国国家国际发展合作署、国家林业和草原局与蒙古国经济发展部、建设和城市发展部、环境和旅游部、国家林业局举行工作会谈，签署了《关于支持蒙古国“种植十亿棵树”计划暨开展中蒙荒漠化防治合作的框架协议》，举行了中蒙荒漠化防治合作中心揭牌仪式。与白俄罗斯自然资源和环境保护部签署《关于欧洲野牛保护的协议》，与加拿大续签自然保护地合作协议。

区域林草合作 参加亚太经济合作组织（APEC）打击木材非法采伐及相关贸易专家组第23、24次会议。5月，参加俄罗斯涅夫斯基国际生态会议林业圆桌会，分享我国在森林生态功能效益评估及参与全球森林资源评估的做法和经验；6月，参加第26届东盟林业高官会，介绍《南宁倡议》框架下中国与东盟国家林业合作机制开展情况、林业合作项目实施进展以及下一步合作建议。9月，举办第三届大中亚地区林业部长级会议。11月，参加第六次中日韩林业司局级会议。

双边林草合作 接待法国生物多样性局、加蓬水森部、乌拉圭牧农渔业部、阿曼农业部、伊朗自然资源局等部长、副部长高级别访问，与加蓬共和国水森部签署了《中国武夷山国家公园与加蓬洛佩国家公园结对协议》。6月，与新西兰更新签署《中国国家林业和草原局和新西兰初级产业部关于林业合作的安排备忘录》，将“森林和木材产品在应对气候变化中发挥的作用”纳入新增合作领域。深化中德林业合作，开展中德林业政策对话项目下的“中德森林可持续经营合作经验”推广会；召开中德林业工作组第九次会议。

与联合国粮农组织（FAO）等组织的合作 8月，出席FAO在华四十周年庆祝活动。10月，出席粮农组织亚太林业委员会第30次会议，会议主题是“可持续森林建设可持续未来”，向FAO报送全球森林资源清查结果。参加第十届联合国教科文组织世界地质公园大会暨世界地质公园理事会第八次会议，中国此前申报的长白山、恩施大峡谷、腾龙洞、临夏、兴义和龙岩等世界地质公园申报项目及延庆等世界地质公园扩园项目顺利通过理事会审议。11月，参加国际热带木材组织第59届理事会会议。参与2025年大阪世界博览会中国馆筹备工作，启动2027年横滨世界园艺博览会参展准备工作。支持国际竹藤组织和亚太森林组织发展壮大，协助为国际竹藤组织提供450万美元自愿捐款，协助向亚太森林组织提供293万美元，配合国际竹藤组织做好成员国发展的有关工作，乍得和刚果（金）正式加入国际竹藤组织。

专栏19　与FAO开展合作研究

2016年以来，国家林业和草原局先后与FAO合作开展五期项目研究，取得显著成效。一、二期项目聚焦“林业社会保障和绿色就业研究”，分析中国集体林区社会保障和绿色就业的现状和存在的问题，集体林区林业企业的绿色就业情况，以及影响林业企业绿色就业的因素等。三期项目聚焦“林业价值链研究”，研究成果《提升林业价值链社会保障功能以促进绿色减贫成效》获“第四届全球减贫案例征集活动”最佳案例。四期项目聚焦“中国林业生态扶贫模式研究”，研究报告《生态建设促进绿色减贫——以中国林业生态扶贫模式为例》获“第三届全球减贫案例征集活动”最佳案例。五期项目聚焦“乡村振兴背景下林业领域巩固拓展生态脱贫社会保障功能研究”，研究报告《生态护林员政策在中国的实践》和《以石榴产业高质量发展带动更多乡亲共同致富——山东省枣庄市发展林果特色产业案例》，分别获“第五届全球减贫案例征集活动”最佳案例。

（二）民间合作与交流

开展中日植树造林国际联合项目事后调查和新项目可行性研究，赴日组织中日绿化合作林业青年交流。推进中德绿色促进贷款技术援助基金对话专题项目，召开高级别对话会和第一届指导委员会会议。协调推进英国曼彻斯特桥水花园“中国园”项目，拓展与非洲国家公园网络、林创（中国）等机构合作。强化对境外非政府组织管理，有序开展务实合作，组织开展61次项目评估论证，加强与国家林业和草原局主管11家境外非政府组织代表机构的管理与合作。

（三）履行国际公约

《濒危野生动植物种国际贸易公约》（CITES）　参加《濒危野生动植物种国际贸易公约》（CITES）第77次常委会会议。积极参与会议讨论，妥善处理了亚洲象、石首鱼等重点议题。与美国、墨西哥磋商确定了打击加利福尼亚湾石首鱼非法贸易三方执法工作组职责范围。组织提交履约报告，积极与CITES秘书处沟通刺猬紫檀相关事宜，保障了国内企业利益。

《关于特别是作为水禽栖息地的国际重要湿地公约》（RAMSAR） 积极推进国际红树林中心建设。5月和7月，分别举办红树林国际研讨会和国际红树林保护高级别论坛，推动成立近30个国家组成的“国际红树林中心之友小组”，通过支持中心建设的《共同声明》。9月，参加RAMSAR常委会第62次会议，协调争取各常委会成员国的支持，批准国际红树林中心成为公约区域动议。开展12处国际重要湿地信息数据更新工作，发布18处新指定国际重要湿地公告，组织新一批国际重要湿地指定申报工作。完成11个新申城市和6个续期审核城市的申报考察。

《联合国防治荒漠化公约》（UNCCD） 支持《联合国防治荒漠化公约》（UNCCD）秘书处开展东北亚沙尘暴防治、非洲绿色长城建设等工作。11月，参加UNCCD履约审查委员会第二十一次会议，全程参加2018—2030年战略框架中期评估政府间工作组工作。参与UNCCD国家报告监测、土地退化零增长等议题谈判。推动UNCCD秘书处在华设立亚洲区域协调办公室，组织参加UNCCD国家联络员谈判能力培训。履行二十国集团《减少土地退化和加强陆地栖息地保护全球倡议》指导委员会成员职责，组织编写中国土地退化防治情况专题报告。

《国际植物新品种保护公约》 8月，参加第十六届东亚植物新品种保护论坛（EAPVPF）和国际植物新品种保护研讨会 “中国植物新品种保护进展”。10月，参加国际植物新品种保护联盟（UPOV）2023年度会议履行UPOV理事会主席职责，《UPOV使用中文项目评估报告》顺利通过审议。推进林草植物新品种国际宣传。在中国加入UPOV纪念日当天，UPOV社交媒体平台发布杏新品种‘冀早红’、蔷薇属新品种‘虎晴石’、八仙花属新品种‘博大蓝’、杉属中山杉系列新品种和4位林草植物新品种女性专家事迹。11月，与欧盟植物新品种保护办公室（CPVO）联合主办“植物新品种保护专家专题技术培训”。植物新品种保护领域专家、测试技术人员200余人参会。组织开展3次植物新品种保护国际培训，培训专业人员300余人。

《联合国森林文书》 参加联合国森林论坛第十八届会议等重要会议，推进全球森林资金网络办公室落户谈判；新增内蒙古五岔沟林业局为第18家履约示范单位；组织开展2023年国际森林日等科普宣教活动，推荐的北京西山试验林场荣获“首批国家林草科普基地”称号。

其他公约 与生态环境部、农业农村部、自然资源部等部委共同修订、编制《生物多样性保护战略与行动计划（2023—2035年）》。赴肯尼亚参加《生物多样性公约》科咨附属机构第25次会议。参加《联合国气候变化框架公约》《联合国海洋法公约》《大流行病条约》中涉林草议题或条款的磋商。

专栏20 2023年深圳国际红树林中心建设进展

为贯彻落实习近平总书记在《关于特别是作为水禽栖息地的国际重要湿地公约》第十四届缔约方大会（COP14）致辞精神，国家林业和草原局会同广东省和深圳市人民政府全力推进全球首个红树林保护交流合作中心——国际红树林中心建设工作。2023年初，相关部门多次召开磋商会议，研究国际红树林中心目标任务、筹建方案、筹备国际红树林保护合作国际研讨会等事宜。2023年2月，国际红树林中心筹建工作领导小组第一次会议召开，确定中心目标，审议通过筹建方案。2023年5月，在深圳市举办红树林保护国际合作研讨会和国际红树林中心筹建工作领导小组第二次会议。2023年9月，湿地公约常委会第62次会议通过了在深圳建立国际红树林中心的区域动议。2023年11月，启动向国务院呈报关于在华成立国际红树林中心有关事宜的请示程序。

（四）专项国际合作

野生动植物种保护国际合作 参加首届猛禽保护国际论坛，会议通过《关于恢复和保护矛隼种群的框架性联合声明》。稳步推进美国史密斯桑宁国家动物园、奥地利美泉宫动物园、西班牙马德里动物园的大熊猫保护合作项目，接返旅日网红大熊猫“香香”等个体。同新西兰资源保护部会谈中新迁徙水鸟及其栖息地保护2023年合作计划；积极与美方磋商穿山甲保护问题。

荒漠化防治国际合作 举办塔克拉玛干沙漠论坛暨非洲绿色长城建设技术培训班、中阿荒漠化防治技术与实践研修班、“一带一路”国家履行《联合国防治荒漠化公约》及沙尘暴防治高级官员研修班等，与来华访问的阿曼、伊朗、蒙古等发展中国家代表团交流防沙治沙政策。参加伊朗、乌兹别克斯坦主办的沙尘暴防治国际研讨活动。组织开展东北亚防治荒漠化、土地退化和干旱网络第十次政府间磋商，与韩国、蒙古和俄罗斯共商区域沙尘暴防治之策。组织开展联合国防治沙尘暴日活动。

自然保护地国际合作 参加第七届人与生物圈计划（MAB）国家委员会第二次会议。参加中俄总理定期会晤委员会环境保护合作分委会第十八次会议及其跨界保护区和生物多样性保护工作组第十七次会议，推进中俄东北虎豹跨境保护区合作政府间协议相关事宜。协助组织中法国家公园治理体系对话和法国生物多样性局参访调研。积极推进全球环境基金（GEF）“河口项目”“白海豚项目”以及与法国开发署合作项目。与法国生物多样性局、法国驻华使馆、欧盟驻华使馆等共同举办“中法国家公园体系对话”。同德国经济合作和发展部、世界自然保护联盟，赞比亚、纳米比亚自然保护地管理部门等共同举办中德非自然保护三方合作“中国自然保护地管理与绿色名录申报”“科技为自然：生物多样性监测及保护地管理中的新技术应用”研讨会。同美国国家公园管理局举行中美国家公园合作第一次视频会议。

湿地保护国际合作 与法国开发署合作开展湿地城市合作项目，与亚洲开发银行开展技术援助项目，面向发展中国家举办线上援外培训班。参加亚洲开发银行技术援助项目交流，参加第十四届东亚、东南亚及南亚区域湿地管理人员培训研讨会，赴香港参加湿地保护论坛，加强湿地管理人员能力建设，交流湿地管理经验。组织落实中方加入红树林气候联盟后续工作。组织开展世界湿地日宣传活动。

国际贷款项目合作 林草国际金融组织贷款项目服务长江经济带生态保护重大战略和林业应对气候变化等重点工作，取得新成效。继续组织实施世界银行、欧洲投资银行联合贷款“长江经济带珍稀树种保护与发展项目”，项目累计完成营造林18.88万公顷，提取世界银行贷款10709.84万欧元，欧洲投资银行贷款8263.29万欧元。启动亚洲开发银行贷款“丝绸之路沿线地区生态治理与保护项目”，协议利用亚洲开发银行贷款1.97亿美元，在陕西、甘肃和青海的丝路沿线地区开展生态保护和恢复建设。

全球环境基金（GEF）赠款项目 先后实施“通过森林景观规划和国有林场改革，增强中国人工林的生态系统服务功能”项目、“加强中国东南沿海海洋保护地管理，保护具有全球重要意义的沿海生物多样性”项目、“东亚—澳大利西亚迁飞路线中国候鸟保护网络建设”项目、“中国林业可持续管理提高森林应对气候变化能力”项目、“中国典型水土流失区退化天然林用地修复与管理”项目。完成森林可持续经营示范81728公顷，实现森林认证79566公顷，开发省级森林碳汇交易项目3个，首期获得核定减排量19.81万吨，实现碳汇收入224万元，共开展国家级培训6500多人次，省级和林场级培训7299人次。签订《赠款执行协议》，编制《天保GEF项目管理办法》《天保GEF项目国家项目办管理制度》等项目管理制度和财务管理流程。举办项目启动会暨第一次指导委员会。

亚太森林恢复与可持续管理 10月，正式启动“全球森林可持续管理网络”，中国、柬埔寨、斐济、老挝、马来西亚、缅甸、尼泊尔、斯里兰卡等8个经济体的林业主管部门成为首批成员。共开展12个林业示范项目，涉及亚太森林组织10个成员经济体。实施了亚太森林组织内蒙古旺业甸基地防火基础设施建设、旺业甸多功能体验基地景观研究及植物引种种植，助力区域林草建设。9月，举办了第三届大中亚地区林区部长级会议，参会各方围绕《大中亚地区林业合作机制行动计划（2023—2025）》达成共识；10月，举办首届普洱亚太林业论坛，通过了《普洱亚太林业论坛行动计划（2024—2025）》。8月，举办亚太林业教育协调机制第六次会议。9月，举办首届澜湄流域林业大学校长论坛。举办亚太森林组织中国–东盟林业科技合作机制（SANFRI）第四届指导委员会会议及该机制下第三届青年学者论坛。

（五）重要国际会议

序号	时间	名称	主题	成果
1	5月	联合国森林论坛	讨论成员国在履行《联合国森林文书》（UNFI）和《联合国森林战略规划 2017—2030》（UNSPF）情况、双年度（2023—2024）主题优先事项等议题	介绍中国的全球发展理念和林草成就，分享中国林草经验，顺利实现参会目标
2	6月	大森林论坛	转变森林经营与应对气候和保护问题解决之道	介绍中国森林经营最佳实践和林长制创新做法，分享中国林草智慧与方案
3	8月	第九届库布其国际沙漠论坛	以科技引领治沙 让荒漠造福人类	发表《第九届库布其国际沙漠论坛共识》
4	9月	全球滨海论坛	绿色低碳发展 共享生态滨海	通过《全球滨海论坛伙伴关系倡议》等共识性文件和一系列知识产品
5	10月	首届普洱亚太林业论坛	深化林业合作 促进区域发展	形成《普洱亚太林业论坛行动计划（2024—2025）》，发布行动清单，推动区域林业务实合作
6	11月	首届以竹代塑国际研讨会	协同创新 推动以竹代塑全球进程	发布《“以竹代塑”全球行动计划（2023—2030）》，启动“成员国试点以竹代塑关键技术研究与示范”项目

专栏21　第一届世界林木业大会

2023年11月，国家林业和草原局与广西壮族自治区人民政府在南宁市主办第一届林木业大会。大会以“林木绿业、合作共襄”为主题，采取“会议＋展览＋论坛”相结合的方式，共同交流世界林业产业信息，全面展示林业产业发展新成就、新技术、新产品。来自美国、英国、俄罗斯等20多个国家的300多名外宾参会。大会举办了中国–东盟博览会林产品及木制品展、第十三届世界木材与木制品贸易大会、林产品国际贸易论坛、香精香料产业发展论坛等系列活动。共有20多个国家、国际组织和国内20多个省（自治区、直辖市）的600多家林木业企业参展，观众超10万人次。30个重点林业产业项目集中签约，总额400亿元。

P

P129-149

附录

2023年党中央国务院出台的重要政策文件

序号	印发时间	文件名称	主要内容和措施
1	2023 年 2 月 10 日	国务院办公厅印发《中医药振兴发展重大工程实施方案》	制定国家中医药综合统计制度，构建统一规范的数据标准和资源目录体系。在中药材规范化种植方面，引导地方建设一批道地药材生产基地，建设一批珍稀濒危中药材野生抚育、人工繁育基地，制定常用 300 种中药材种植养殖技术规范和操作规程，开展中药材生态种植、野生抚育和仿野生栽培，开发 30—50 种中药材林下种植模式并示范推广
2	2023 年 9 月	中共中央办公厅、国务院办公厅印发《深化集体林权制度改革方案》	明确深化集体林权制度改革的总体要求，提出加快推进“三权分置”、发展林业适度规模经营、加强森林经营、保障林木所有权权能、支持产业发展、探索完善生态产品价值实现机制、加大金融支持力度的主要任务，以及加强组织领导、支持先行先试、加强队伍建设、强化考核评价的保障措施
3	2023 年 12 月 27 日	中共中央、国务院印发《关于全面推进美丽中国建设的意见》	在提升生态系统多样性稳定性持续性方面，全面推进以国家公园为主体的自然保护地体系建设，完成全国自然保护地整合优化；实施山水林田湖草沙一体化保护和系统治理；实施生物多样性保护重大工程，健全全国生物多样性保护网络，全面保护野生动植物，逐步建立国家植物园体系。在守牢美丽中国建设安全底线方面，加强有害生物防治，开展外来入侵物种普查、监测预警、影响评估。在健全美丽中国建设保障体系方面，强化林长制，健全生态产品价值实现机制等

2023年部门出台的重要政策文件

序号	印发时间	文件名称	主要内容和措施
1	2023 年 1 月 12 日	与自然资源部办公厅联合印发《关于强化业务协同加快推进林权登记资料移交数据整合和信息共享的通知》	全面完成原林权登记资料清查移交，有序推进林权登记存量数据整合汇交，强化林权登记与林业管理业务协同，健全林权登记与林业管理信息共享机制
2	2023 年 2 月 8 日	与水利部、农业农村部、国家乡村振兴局联合印发《关于加快推进生态清洁小流域建设的指导意见》	在实施治山保水、守护绿水青山方面，明确在人类活动较少、林草植被较好的区域，以封育保护为主。在水土流失较为严重、林草植被稀疏的区域，采取封禁、补植补种等措施。在农林牧等生产活动较为频繁的区域，实施农田防护林建设等配套措施。开展退化林修复，加强林下水土流失防治。开展村庄荒地、裸地、“四旁”（村旁、宅旁、路旁、水旁）绿化美化
3	2023 年 2 月 20 日	国家发展和改革委员会印发《重大水利工程等农林水气项目前期工作中央预算内投资专项管理办法》	明确支持范围和标准，重点支持中央单位推进的重大前期工作项目，适度支持西部省（自治区、直辖市）推进的纳入相关规划或重大战略的重大水利工程前期工作项目，支持中央企事业单位等机构承担的重大前期工作项目。中央直管的前期工作项目可由中央投资全额安排；中央企事业单位等机构和地方前期工作项目，根据实际实行定额补助，地方项目中央投资支持比例原则上不超过 60%
4	2023 年 3 月 9 日	6 部门联合印发关于《中央财政衔接推进乡村振兴补助资金管理办法》有关事项的补充通知	将资金分配中的政策因素、绩效等考核结果的权重分别修改为 35% 和 5%；将“支持脱贫村发展壮大村级集体经济”修改为“支持发展新型农村集体经济”；将政策因素“党中央国务院巩固拓展脱贫攻坚成果同乡村振兴有效衔接重点工作等政策任务、受灾因素等”修改为“党中央、国务院巩固拓展脱贫攻坚成果同乡村振兴有效衔接重点工作，发展新型农村集体经济等政策任务、受灾因素等”
5	2023 年 3 月 20 日	与自然资源部办公厅、国家能源局综合司联合印发《关于支持光伏发电产业发展规范用地管理有关工作的通知》	在项目布局方面，明确项目选址应当避让天然林地、国家沙化土地封禁保护区等，新建、扩建光伏发电项目，一律不得占用永久基本农田、基本草原、Ⅰ级保护林地和东北内蒙古重点国有林区。在用地方面，光伏方阵用地涉及使用林地的，可使用年降水量 400 毫米以下区域的灌木林地以及其他区域覆盖度低于 50% 的灌木林地，不得采伐林木、割灌及破坏原有植被，不得将乔木林地、竹林地等采伐改造为灌木林地后架设光伏板，使用灌木林地的，施工期间应办理临时使用林地手续，涉及占用基本草原外草原的，地方林草主管部门应合理确定项目的适建区域、建设模式与建设要求；光伏发电项目配套设施用地，按建设用地进行管理
6	2023 年 4 月 3 日	与公安部、住房和城乡建设部联合印发《关于加强协作配合健全防范打击破坏古树名木违法犯罪工作机制的意见》	建立常态化联络机制，加强协作配合。林业和草原部门要及时通报古树名木资源分布、补充调查成果等信息，推动建立古树名木信息共享平台，及时向公安机关移送古树名木行政执法工作中发现的涉嫌犯罪案件；对案情重大、复杂、疑难，性质难以认定的案件，林业和草原部门就刑事案件立案追诉标准等问题咨询公安机关，公安机关应当及时答复；公安机关在办理案件过程中，对涉案证据需要检验、鉴定或出具认定意见的，林业和草原部门等应当予以支持配合
7	2023 年 4 月 6 日	与自然资源部联合印发《关于以第三次全国国土调查成果为基础明确林地管理边界规范林地管理的通知》	一是坚持统一底图，规范林地管理。严格依据法律法规政策规定，区分耕地上造林情形，实行差别化管理。依据“三区三线”划定成果，划分历史节点，处理开垦林地问题。临时使用林地、直接为林业生产服务的工程设施占用林地及违法占用林地管理，应严格执行现行法律规定。二是坚持统一标准，完善管理依据。按照统一分类标准，明确灌木林地、宜林地、森林沼泽等管理类型。调整园地、林地分类标准；完善国家特别规定的灌木林标准

续表

序号	印发时间	文件名称	主要内容和措施
8	2023年5月5日	与农业农村部联合印发《全国花卉业发展规划（2022—2035年）》	在完善政策措施方面，把花卉业发展纳入优势农产品区域和乡村振兴大格局中，在国土空间规划、法律法规、行政审批、财政投入、金融服务、招商引资等方面为花卉企业创造有利环境。花卉生产设施设备纳入农业机械购置补贴范围，将花卉市场建设作为地方功能性市场纳入国土空间规划。推动出台花卉产业信贷新政策和金融新产品，充分利用小额贷款政策，推进设施设备抵押、自主知识产权抵押、无抵押贷款等试点，帮助花卉企业等新型市场主体提高花卉生产能力和防风险能力
9	2023年5月18日	与财政部办公厅联合印发《关于实施中央财政油茶产业发展奖补政策的通知》	政策实施内容包括：一是油茶营造补助。聚焦《加快油茶产业发展三年行动方案（2023—2025年）》确定的现有油茶林面积大、种植改造任务重的200个重点县，推动扩大高产油茶林种植面积，加强低产低效林改造。二是油茶产业发展示范奖补。通过竞争性评审方式，择优筛选现有相对集中连片油茶林面积高于50万亩、总投资超过10亿元的项目实施油茶产业发展示范奖补。中央财政对东、中、西部地区分别按照每个项目不超过4亿元、5亿元、6亿元安排定额奖补
10	2023年6月6日	4部门联合印发《关于延续黄河全流域建立横向生态补偿机制支持引导政策的通知》	决定将《支持引导黄河全流域建立横向生态补偿机制试点实施方案》实施期限延长至2025年，中央引导资金的分配因素和权重仍按照该方案相关规定执行
11	2023年6月16日	11部门联合印发《加快实现消除血吸虫病目标行动方案（2023—2030年）》的通知	国家林业和草原局牵头负责林业工程钉螺控制措施。实施抑螺防病林营造、抑螺成效提升改造，构建林农复合系统、设立隔离带等措施，改变钉螺孳生环境，压缩钉螺面积。结合实施生态工程，建设防钉螺扩散设施，加强螺情监测。到2028年有螺宜林宜草区内，抑螺防病林草覆盖率达到95%及以上，到2030年持续改善
12	2023年8月15日	与最高人民检察院联合印发《关于建立健全林草行政执法与检察公益诉讼协作机制的意见》	建立健全林草行政执法与检察公益诉讼协作机制。各级检察机关要全面履行公益诉讼检察职责，加大对林草工作的支持力度，对林草领域存在的损害国家利益或者社会公共利益的违法行为依法进行法律监督。各级林草部门要重视和发挥检察公益诉讼作用，支持检察机关开展工作，合力提升案件办理质效。各级检察机关和林草部门要在现有合作基础上，进一步拓宽交流渠道和方式，建立经常性、多样化的协作机制
13	2023年10月12日	4部门联合印发《加快“以竹代塑”发展三年行动计划》	在政策支持方面，一是将“以竹代塑”产品开发、生产与应用作为鼓励类项目列入《产业结构调整指导目录》；二是按规定统筹现有资金渠道，支持“以竹代塑”应用推广基地建设；三是地方可将符合条件的竹林培育，纳入中央财政造林和森林质量提升政策支持范围；四是完善金融服务机制，引导金融机构开发符合“以竹代塑”产业特色的金融产品；五是将“以竹代塑”产品纳入政府采购支持范围
14	2023年10月17日	5部门联合印发《促进户外运动设施建设与服务提升行动方案（2023—2025年）》	在推动户外运动产业绿色发展方面，充分利用自然环境打造运动场景，支持在部分有条件的国家公园、自然保护区和自然公园等自然保护地内依法依规、因地制宜开展户外运动项目。在促进户外运动产业创新发展方面，依法依规优化户外运动产业涉及的林草地占用等审批流程
15	2023年10月20日	国家发展和改革委员会印发《国家碳达峰试点建设方案》	在全国范围内选择100个具有典型代表性的城市和园区开展碳达峰试点建设。结合试点目标，在生态保护修复等领域规划实施一批重点工程。加快建立和完善有利于绿色发展的财政、金融、投资、价格政策和标准体系，创新碳排放核算、评价、管理机制

续表

序号	印发时间	文件名称	主要内容和措施
16	2023年11月9日	10部门联合印发《关于加强野生动物及其制品交易和运输管理工作的通知》	严格执行规定，全面禁止非法交易和运输野生动物活动。加强监管查验，规范野生动物交易和运输行为。强化部门协作，共同阻断野生动物非法交易和运输链条。加大宣传力度，普及野生动物保护法律法规知识
17	2023年11月13日	与住房和城乡建设部联合印发《国家植物园设立规范（试行）》	规定了国家植物园准入条件、认定指标和考察评价等要求
18	2023年11月20日	与国家文物局、住房和城乡建设部联合印发《关于加强全国重点文物保护单位内古树名木保护的通知》	一是明确保护责任。全国重点文物保护单位的保护管理机构或管理使用单位对其管辖范围内古树名木保护承担直接责任。二是落实保护措施。加强保护技术研究，完善保护预案，建立档案，发现古树名木遭受危害、损害或长势不旺、濒临死亡等现象要及时报告当地林业或住房城乡建设（园林绿化）行政主管部门，在其指导下进行治理、抢救或复壮。三是深化价值阐释。各级林业等行政主管部门应加强宣传引导，营造全社会保护古树名木的良好氛围
19	2023年11月20日	6部门联合印发《三北工程六期规划》	谋划布局六期工程68个重点项目，细化落实攻坚战目标任务，推进治沙、治水、治山全要素治理
20	2023年11月22日	自然资源部印发《国土空间调查、规划、用途管制用地用海分类指南》	明确适用范围、使用规则等，用地用海分类采用三级分类体系，共设置24个一级类、113个二级类及140个三级类，包括园地、林地、草地、湿地等；明确用地用海分类与《中华人民共和国土地管理法》“三大类”《中华人民共和国湿地保护法》湿地、第三次全国国土调查工作分类对应情况
21	2023年12月4日	与自然资源部办公厅联合印发《关于清理规范林权确权登记历史遗留问题的指导意见》	明确妥善化解林权确权登记历史遗留问题的总体要求，提出坚持实事求是、连续稳定、依法依规、稳妥有序、分步实施、分类施策、依法保护林农和林业经营者的合法权益。针对信息登记、界址界线、权属交叉、地类重叠、登记程序、已登记未颁证6类历史遗留问题，明确具体的处置路径
22	2023年12月14日	与国家文物局办公室联合印发《关于建好红色草原协同推进革命文物与草原生态保护的通知》	持续开展草原地区革命文物资源调查，不断完善红色草原体系建设，加大红色草原保护利用支持力度，省级林业和草原主管部门负责推动草原生态修复等资金、项目重点支持红色草原地区，重点支持红色草原所在区域的国家草原公园、国有草场建设，培育草业合作社等新型草原经营主体，推动草原地区绿色低碳发展，共同讲好“红色草原，绿色发展”故事，拓展红色草原教育功能，推进红色草原协同管理
23	2023年12月28日	自然资源部办公厅印发《关于按照实地现状认定地类 规范国土调查成果应用的通知》	一是凡是发现国土调查成果与实地国土利用现状不一致的，无论是调查时点后新发生变化的，还是“三调”或历年国土调查错漏的，均应及时通过年度国土变更调查更新或纠正调查成果。二是不得仅以卫星遥感影像在内业判定地类。三是年度国土变更调查中，对地类疑似变化地块做到应举尽举，确保实地核实了现状，佐证地类认定符合标准。四是坚持国土空间唯一性和地类唯一性，切实解决地类冲突问题。五是国土调查成果需要进一步比对以往调查、规划、审批、督察执法等管理信息，充分考虑地类来源的合理性、合法性，综合作出判断

2023年国家林业和草原局出台的政策文件

序号	印发时间	文件名称	主要内容和措施
1	2023年1月31日	印发《国有林场（林区）管护用房建设方案（2023—2025年）》	明确国有林场（林区）管护用房建设的总体要求、建设布局和建设内容，以及管护用房建设基本配备标准
2	2023年2月20日	印发《全国森林可持续经营试点实施方案（2023—2025年）》	地方各级林草主管部门要做好森林可持续经营试点工作，保障试点工作顺利开展。从2023年起，国家林业和草原局将加强对森林可持续经营试点工作的监测评估，把试点工作情况纳入林长制督查考核范围
3	2023年2月20日	印发《关于规范在森林和野生动物类型国家级自然保护区修筑设施审批管理的通知》	一是明确审批范围。省级林草主管部门实施审批修筑设施范围界定为森林和野生动物类型自然保护区；其他类型自然保护区应当按照有关法律法规办理环评、土地等有关手续；国家级自然保护区原住居民在固定生产生活范围内修筑必要的生活用房和种植、养殖等生产设施无需办理在森林和野生动物类型国家级自然保护区修筑设施审批手续。二是分类管控建设项目，明确允许修筑的设施情形、原则上不允许新建的设施情形
4	2023年3月8日	印发《国家储备林建设管理办法（试行）》	国家储备林建设应在严格保护耕地等前提下，开展集约人工林栽培、现有林改培、中幼林抚育和相关配套活动，优先考虑集约人工林栽培，统筹发展中短周期工业原料林和长周期大径级用材林。不得在国家级公益林范围内开展国家储备林建设。鼓励多元化投融资建设国家储备林。国家储备林建设主体依法享有国家储备林建设相关林地的使用权、经营权和相关林木的所有权、经营权，可依法依规对其所有的林木进行处置
5	2023年3月14日	印发《"十四五"国家储备林建设实施方案》	明确"十四五"期间国家储备林建设布局、目标任务。各地要结合国土绿化，采取以奖代补、贷款贴息等方式，统筹使用各类补助资金，加大国家储备林建设投入力度。鼓励社会资本参与国家储备林建设
6	2023年5月5日	印发《国家陆地生态系统定位观测研究站发展方案（2023—2025年）》	明确国家陆地生态系统定位观测研究站建设的总体思路、布局设计、建设管理和保障措施。新建生态站重点加强基础条件建设，重点支持建成10年以上生态站的老旧仪器设施改造升级。生态站基础设施建设和基本运行以财政投资为主，采取部门匹配和地方配套等多渠道筹资的办法
7	2023年6月7日	印发《草种质资源普查技术规程（试行）》	规定了草种质资源普查的对象、内容、方法、工作程序、成果形式和验收等方面的技术要求
8	2023年7月4日	印发《国家陆地生态系统定位观测研究站管理办法》	规定了国家陆地生态系统定位观测研究站的组织管理、申报与建设、运行与管理、监督管理等内容。在监督管理方面，实行年度考核和五年综合评估制度，考核评估结果作为配置资源的重要依据
9	2023年8月8日	印发《林草种苗振兴三年行动方案（2023—2025年）》	在政策扶持方面，中央预算内投资结合现有资金渠道，有序推进符合条件的国家植物种质资源库和林草种质资源库等重点项目建设；油茶发展相关省（自治区、直辖市）要加强对油茶苗木选育、生产经费保障；构建多元化的资金筹措机制，鼓励和支持社会资本参与林草种质资源保护和种苗生产
10	2023年8月14日	印发《国家公园监测工作管理办法（试行）》和《国家公园监测技术指南（试行）》	《国家公园监测工作管理办法（试行）》对监测内容、监测体系、方案制定与实施、数据管理与应用等作出规定，将国家公园监测工作纳入考核评估范围，开展保护管理成效评价。《国家公园监测技术指南（试行）》对监测内容与指标、体系架构、监测技术方法、数据质量控制等作出规定
11	2023年8月15日	批复了三江源、大熊猫、东北虎豹、海南热带雨林、武夷山国家公园总体规划（2023—2030年）	规划了保护管理、监测监管、科技支撑、教育体验等重点任务，提出了弹性管理等政策

续表

序号	印发时间	文件名称	主要内容和措施
12	2023 年 8 月 16 日	与吉林省人民政府、黑龙江省人民政府联合印发《东北虎豹国家公园总体规划（2023—2030）》	规划了保护管理、监测监管、科技支撑、教育体验、社区发展等重点任务，提出了弹性管理等政策
13	2023 年 8 月 29 日	印发《全国检疫性林业有害生物疫区管理办法》	规定疫情认定与公布、疫区划定与公布及疫区撤销的条件
14	2023 年 10 月 9 日	印发《国家级自然公园管理办法（试行）》	国家级自然公园应当纳入生态保护红线。规定了设立国家级自然公园的条件，经批准设立的国家级自然公园，不得擅自调整面积和范围边界，因实施国家重大项目、优化保护范围或者处置矛盾冲突等情形，可以申请范围调整。经依法批准设立的国家级自然公园原则上不予撤销，因生态功能丧失且评估无法恢复等特殊情形的可以申请撤销
15	2023 年 10 月 26 日	印发《国家林业产业示范园区创建认定办法》和《国家林业重点龙头企业认定办法》	规定了国家林业产业示范园区和国家林业重点龙头企业的认定、评价和管理工作。本办法自发布之日起施行，2013 年制定的《国家林业重点龙头企业推选和管理工作实施方案（试行）》（办规字〔2013〕164 号）同时废止
16	2023 年 11 月 15 日	印发《关于做好退耕还林还草提质增效工作的通知》	在政策支持方面，明确省级林草主管部门要指导有关市县把符合条件的退耕地块纳入“三北”或“双重”项目实施范围。符合国家储备林建设规定的退耕地块，可纳入国家储备林建设项目实施。依托退耕还林还草成果，发展特色林果等新型产业。鼓励多种经营主体参与提质增效，引导退耕主体通过租赁等方式流转林地经营权
17	2023 年 12 月 1 日	印发《陆生野生动物重要栖息地认定暂行办法》	规定自然区域认定为陆生野生动物重要栖息地的条件。对经科学评估论证确认符合条件的自然区域，列入《陆生野生动物重要栖息地名录》，并向社会公布
18	2023 年 12 月 21 日	印发《国有林场试点建设实施方案》	选择 600 个国有林场开展试点。在保障措施方面，各级林草主管部门要将国有林场试点建设纳入当地林草发展规划；加大政策支持，发挥重大项目牵引带动作用，统筹支持国有林场试点建设，利用欠发达国有林场巩固提升等资金，改善必要的基础设施，鼓励引进社会资本发展林场特色产业，参与基础设施建设，探索国有林场经营性收入分配激励机制
19	2023 年 12 月 22 日	印发《国家林下经济示范基地管理办法》	规定了国家林下经济示范基地的创建、申报、认定、评价与管理等工作。对新疆、西藏和四省（青海、云南、甘肃、四川）涉藏州县、民族地区、边境地区、革命老区、国家乡村振兴重点帮扶县予以适当倾斜；对大学生、科技工作者、退役军人等返乡下乡人员及林草乡土专家建设的林下经济示范基地，予以适当倾斜。地方各级林草主管部门应将培育国家林下经济示范基地纳入本级林草产业相关规划，给予有效扶持
20	2023 年 12 月 26 日	印发《全国野生动植物保护工程建设方案（2023—2030 年）》	明确工程建设的指导思想、基本原则和建设目标。在保障措施方面，要多方筹措资金，工程建设项目以政府投资为主，鼓励国内外关心濒危物种保护和生态环境建设的社会力量出资出力，中央资金视国家财力情况并结合现有渠道对符合条件的项目予以统筹安排，地方林草主管部门要筹措配套资金，对一些资金需求较小、建设周期较短的项目，以地方投资为主
21	2023 年 12 月 29 日	重新印发《松材线虫病疫区和疫木管理办法》	规定了松材线虫病疫情、疫区、疫木采伐和疫木处置等的监督和管理。疫区管理上，发生疫情的县级行政区应当划定为疫区，发生疫情的乡镇级行政区应当划定为疫点，疫情一经确认，逐级上报。疫木管理上，松材线虫病疫区松科植物只能进行除治性采伐，以择伐为主，原则上不进行皆伐，采伐的疫木必须在山场就地粉碎（削片）或烧毁。严禁跨省级行政区进行疫木利用，县级林业主管部门应当制定疫木粉碎物（削片）利用监管方案

国家重要湿地名录

序号	名称	序号	名称
1	天津市滨海新区北大港国家重要湿地	30	天津市武清区大黄堡国家重要湿地
2	天津市宁河区七里海国家重要湿地	31	山西省洪洞县汾河国家重要湿地
3	河北省沧州市南大港国家重要湿地	32	内蒙古自治区巴彦淖尔市乌梁素海国家重要湿地
4	浙江省玉环市漩门湾国家重要湿地	33	上海市浦东新区九段沙国家重要湿地
5	福建省福州市长乐区闽江河口国家重要湿地	34	浙江省宁波前湾新区杭州湾国家重要湿地
6	江西省婺源县饶河源国家重要湿地	35	浙江省龙港市新美洲红树林国家重要湿地
7	江西省兴国县潋江国家重要湿地	36	山东省潍坊市寒亭区禹王国家重要湿地
8	山东省青州市弥河国家重要湿地	37	湖北省天门市张家湖国家重要湿地
9	湖北省石首市麋鹿国家重要湿地	38	湖北省十堰市郧阳区郧阳湖国家重要湿地
10	湖北省谷城县汉江国家重要湿地	39	湖北省竹山县圣水湖国家重要湿地
11	湖北省荆门市漳河国家重要湿地	40	广东省南雄市孔江国家重要湿地
12	湖北省麻城市浮桥河国家重要湿地	41	广西壮族自治区横州市西津国家重要湿地
13	湖北省潜江市返湾湖国家重要湿地	42	重庆市黔江区阿蓬江国家重要湿地
14	湖北省松滋市洈水国家重要湿地	43	重庆市巫山县大昌湖国家重要湿地
15	湖北省武汉市江夏区安山国家重要湿地	44	云南省香格里拉市千湖山国家重要湿地
16	湖北省远安县沮河国家重要湿地	45	云南省剑川县剑湖国家重要湿地
17	湖南省衡阳市江口鸟洲国家重要湿地	46	云南省大理市洱海国家重要湿地
18	湖南省宜章县莽山浪畔湖国家重要湿地	47	西藏自治区拉萨市城关区拉鲁国家重要湿地
19	广东省深圳市福田区福田红树林国家重要湿地	48	西藏自治区贡觉县拉妥国家重要湿地
20	广东省珠海市中华白海豚国家重要湿地	49	西藏自治区日土县班公错国家重要湿地
21	海南省海口市美舍河国家重要湿地	50	陕西省神木市红碱淖国家重要湿地
22	海南省东方市四必湾国家重要湿地	51	青海省曲麻莱县德曲源国家重要湿地
23	海南省儋州市新盈红树林国家重要湿地	52	青海省泽库县泽曲国家重要湿地
24	宁夏回族自治区青铜峡库区国家重要湿地	53	青海省乌兰县都兰湖国家重要湿地
25	宁夏回族自治区吴忠市黄河国家重要湿地	54	宁夏回族自治区银川市鸣翠湖国家重要湿地
26	宁夏回族自治区盐池县哈巴湖国家重要湿地	55	黑龙江大兴安岭阿木尔国家重要湿地
27	宁夏回族自治区银川市兴庆区黄河外滩国家重要湿地	56	黑龙江大兴安岭砍都河国家重要湿地
28	宁夏回族自治区固原市原州区清水河国家重要湿地	57	黑龙江大兴安岭呼中呼玛河源国家重要湿地
29	宁夏回族自治区中宁县天湖国家重要湿地	58	黑龙江大兴安岭漠河大林河国家重要湿地

国际重要湿地名录

序号	名称	序号	名称	序号	名称
1	黑龙江扎龙国家级自然保护区	29	西藏麦地卡湿地	57	甘肃盐池湾湿地
2	吉林向海国家级自然保护区	30	西藏玛旁雍错湿地	58	天津北大港国际重要湿地
3	青海湖国家级自然保护区	31	福建漳江口红树林国家级自然保护区	59	河南民权黄河故道国际重要湿地
4	江西鄱阳湖国家级自然保护区	32	广西北仑河口国家级自然保护区	60	内蒙古毕拉河国际重要湿地
5	湖南东洞庭湖国家级自然保护区	33	广东海丰公平大湖省级自然保护区	61	黑龙江哈东沿江国际重要湿地
6	海南东寨港国家级自然保护区	34	湖北洪湖湿地	62	甘肃黄河首曲国际重要湿地
7	香港米埔—后海湾湿地	35	上海长江口中华鲟自然保护区	63	西藏扎日南木错国际重要湿地
8	黑龙江三江国家级自然保护区	36	四川若尔盖湿地国家级自然保护区	64	江西鄱阳湖南矶国际重要湿地
9	黑龙江兴凯湖国家级自然保护区	37	浙江杭州西溪国家湿地公园	65	北京野鸭湖国际重要湿地
10	黑龙江洪河国家级自然保护区	38	黑龙江七星河国家级自然保护区	66	大兴安岭九曲十八湾国际重要湿地
11	内蒙古达赉湖国家级自然保护区	39	黑龙江南瓮河国家级自然保护区	67	大兴安岭双河源国际重要湿地
12	内蒙古鄂尔多斯遗鸥国家级自然保护区	40	黑龙江珍宝岛国家级自然保护区	68	江苏淮安白马湖国际重要湿地
13	大连斑海豹国家级自然保护区	41	甘肃尕海则岔国家级自然保护区	69	浙江平阳南麂列岛国际重要湿地
14	江苏盐城国家级珍禽自然保护区	42	武汉蔡甸沉湖湿地自然保护区	70	福建闽江河口国际重要湿地
15	江苏大丰麋鹿国家级自然保护区	43	神农架大九湖国家湿地公园	71	湖北公安崇湖国际重要湿地
16	上海崇明东滩鸟类自然保护区	44	山东黄河三角洲湿地	72	湖北仙桃沙湖国际重要湿地
17	湖南南洞庭湖省级自然保护区	45	吉林莫莫格国家级自然保护区	73	湖南春陵湖国际重要湿地
18	湖南汉寿西洞庭湖省级自然保护区	46	黑龙江东方红湿地国家级自然保护区	74	湖南毛里湖国际重要湿地
19	广东惠东港口海龟国家级自然保护区	47	张掖黑河湿地国家级自然保护区	75	广东广州海珠国际重要湿地
20	广西山口红树林国家级自然保护区	48	安徽升金湖国家级自然保护区	76	广东深圳福田红树林国际重要湿地
21	广东湛江红树林国家级自然保护区	49	广东南澎列岛湿地	77	广西桂林会仙喀斯特国际重要湿地
22	辽宁双台河口湿地	50	内蒙古大兴安岭汗马湿地	78	广西北海滨海国际重要湿地
23	云南大山包湿地	51	黑龙江友好湿地	79	四川色达泥拉坝国际重要湿地
24	云南碧塔海湿地	52	吉林哈泥湿地	80	云南会泽念湖国际重要湿地
25	云南纳帕海湿地	53	山东济宁南四湖国际重要湿地	81	甘肃敦煌西湖国际重要湿地
26	云南拉什海湿地	54	湖北网湖湿地自然保护区	82	青海隆宝滩国际重要湿地
27	青海鄂陵湖湿地	55	西藏色林错湿地		
28	青海扎陵湖湿地	56	四川长沙贡玛湿地		

2023年各地区林草产业总产值

（按现行价格计算）

单位：万元

地区	林草产业总产值			
	总计	第一产业	第二产业	第三产业
全国合计	**971515365**	**308683227**	**419967024**	**242865114**
北京	1506616	668617		837999
天津	220363	201165		19198
河北	15375363	6668499	7282781	1424083
山西	6771533	5452268	680348	638917
内蒙古	7370557	3754706	1198072	2417779
辽宁	7994867	5240072	1659838	1094957
吉林	15173247	4321694	5938880	4912673
黑龙江	13658960	7129889	3072328	3456743
上海	2574255	209725	2315220	49310
江苏	52067151	11635597	33339535	7092019
浙江	61600620	11818121	30714022	19068477
安徽	57205821	15929297	24991875	16284649
福建	76507467	13362525	50809518	12335424
江西	65004353	14460646	30922442	19621265
山东	65264951	20925634	39224778	5114539
河南	24141527	10436522	9307908	4397097
湖北	54220720	20061080	17238309	16921331
湖南	55744497	19279203	18971330	17493964
广东	89502812	15604491	54887952	19010369
广西	95690632	25778199	45706384	24206049
海南	5654940	3521780	1611691	521469
重庆	17137904	7085809	4603571	5448524
四川	52313664	18006734	13731363	20575567
贵州	42591878	12768249	6958669	22864960
云南	45885004	23826867	10927178	11130959
西藏	584837	471810	10893	102134
陕西	17152180	13096860	2035067	2020253
甘肃	5698603	4491719	426408	780476
青海	2224728	1864921	113137	246670
宁夏	2028911	708713	246989	1073209
新疆	12140308	9606780	957923	1575605
大兴安岭	506096	295035	82615	128446

2023年各地区造林完成情况

单位：公顷

地区	造林面积					
	总计	人工造林	飞播造林	封山育林面积	退化林修复	人工更新
全国合计	**4636119**	**1014361**	**66997**	**1133101**	**1795750**	**625911**
北　京	847	389	—	—	459	—
天　津	5149	66	—	4760	12	312
河　北	173678	58828	3333	70392	39578	1546
山　西	306235	204068	10000	53613	38553	—
内蒙古	314383	127237	10667	21379	152431	2668
辽　宁	63901	30766	—	2001	26321	4813
吉　林	88263	415	—	576	72429	14842
黑龙江	82981	2765	—	32103	41915	6198
上　海	200	200	—	—	—	—
江　苏	2266	1009	—	67	482	708
浙　江	20074	3135	—	—	10683	6256
安　徽	137922	6541	—	70396	47728	13257
福　建	152503	3251	—	31988	70599	46664
江　西	252818	18089	—	36805	124555	73369
山　东	17647	6493	—	—	8788	2367
河　南	122113	20916	16361	30352	34480	20005
湖　北	193950	30596	—	37358	111265	14732
湖　南	425039	104337	—	125411	172653	22637
广　东	153001	11021	—	34287	58201	49492
广　西	324309	20634	—	5106	42064	256506
海　南	12837	812	—	—	—	12026
重　庆	137423	23182	—	40111	70231	3899
四　川	123086	20943	—	21222	66159	14762
贵　州	230473	7250	—	32191	182809	8223
云　南	287370	42185	—	90488	117575	37122
西　藏	44942	4176	3660	33981	2839	285
陕　西	352245	62026	22249	154011	108145	5814
甘　肃	269597	130044	727	64448	74361	17
青　海	104677	16301	—	68207	20169	—
宁　夏	84271	23999	—	5339	54933	—
新　疆	136538	32688	—	66509	29946	7394
大兴安岭	15385	—	—	—	15385	—

2023年各地区林业有害生物发生防治情况

单位：公顷

地区	林业有害生物			一、林业病害			二、林业虫害			三、林业鼠（兔）害			四、林业有害植物		
	发生面积	防治面积	防治率（%）	发生面积	防治面积	防治率（%）	发生面积	防治面积	防治率（%）	发生面积	防治面积	防治率（%）	发生面积	防治面积	防治率（%）
全国合计	**10922989**	**9129463**	**83.58**	**2250376**	**1862326**	**82.76**	**6776989**	**5791873**	**85.46**	**1717991**	**1355588**	**78.91**	**177633**	**119676**	**67.37**
北京	29321	29321	100.00	1288	1288	100.00	28033	28033	100.00	—	—	—	—	—	—
天津	48553	48553	100.00	4283	4283	100.00	44270	44270	100.00	—	—	—	—	—	—
河北	379429	360840	95.10	20802	18314	88.04	336418	323504	96.16	22209	19022	85.65	—	—	—
山西	207077	161318	77.90	13452	10195	75.79	138402	103557	74.82	53956	47433	87.91	1267	133	10.50
内蒙古	1023509	652652	63.77	218694	117776	53.85	638380	421870	66.08	166435	113006	67.90	—	—	—
辽宁	502127	473028	94.20	35889	30455	84.86	457252	434223	94.96	8986	8350	92.92	—	—	—
吉林	248589	234209	94.22	18386	18079	98.33	185859	172386	92.75	44344	43744	98.65	—	—	—
黑龙江	352979	307728	87.18	27044	18932	70.00	182045	155047	85.17	143890	133749	92.95	—	—	—
上海	9362	9286	99.19	1366	1366	100.00	7996	7920	99.05	—	—	—	—	—	—
江苏	75079	63056	83.99	11422	10770	94.29	62306	50935	81.75	—	—	—	1351	1351	100.00
浙江	318328	279802	87.90	289536	256008	88.42	28792	23794	82.64	—	—	—	—	—	—
安徽	333724	303976	91.09	97488	82977	85.12	236236	220999	93.55	—	—	—	—	—	—
福建	251913	248178	98.52	70764	70742	99.97	181149	177436	97.95	—	—	—	—	—	—
江西	433456	430159	99.24	213784	213360	99.80	219654	216781	98.69	—	—	—	18	18	100.00
山东	453120	421468	93.01	100735	78015	77.45	352385	343453	97.47	—	—	—	—	—	—
河南	354543	326362	92.05	53176	49867	93.78	301367	276495	91.75	—	—	—	—	—	—

（续）

地区	林业有害生物			一、林业病害			二、林业虫害			三、林业鼠（兔）害			四、林业有害植物		
	发生面积	防治面积	防治率（%）	发生面积	防治面积	防治率（%）	发生面积	防治面积	防治率（%）	发生面积	防治面积	防治率（%）	发生面积	防治面积	防治率（%）
湖北	482744	436708	90.46	97159	92110	94.80	311329	286492	92.02	5433	5174	95.23	68823	52932	76.91
湖南	312949	236813	75.67	71769	41140	57.32	241179	195672	81.13	—	—	—	1	1	100
广东	367925	335822	91.27	242306	226858	93.62	88679	79005	89.09	—	—	—	36940	29959	81.10
广西	337702	129216	38.26	71397	46913	65.71	237704	68497	28.82	349	349	100.00	28252	13457	47.63
海南	25426	7368	28.98	—	—	—	8044	4897	60.88	—	—	—	17382	2471	14.22
重庆	301231	301229	100.00	83018	83017	100.00	204717	204717	100.00	11409	11409	100.00	2087	2086	99.95
四川	586733	440247	75.03	103620	73857	71.28	452771	339406	74.96	30237	26879	88.89	105	105	100.00
贵州	183294	173023	94.40	19007	16320	85.86	157336	150515	95.66	3208	2674	83.35	3743	3514	93.88
云南	357654	355024	99.26	56982	56505	99.16	275839	273786	99.26	12239	12214	99.80	12594	12519	99.40
西藏	129254	21441	16.59	23987	3945	16.45	51427	8876	17.26	53600	8446	15.76	240	174	72.50
陕西	352291	315577	89.58	74466	66787	89.69	202083	176536	87.36	75702	72214	95.39	40	40	100.00
甘肃	367697	278159	75.65	63011	50210	79.68	162617	114893	70.65	142069	113056	79.58	—	—	—
青海	239702	189013	78.85	29294	22861	78.04	104760	81253	77.56	101104	84092	83.17	4544	807	17.76
宁夏	248991	118423	47.56	1168	759	64.98	75559	38335	50.74	172018	79220	46.05	246	109	44.31
新疆	1467762	1411472	96.16	105005	98212	93.53	781054	761610	97.51	581703	551650	94.83	—	—	—
大兴安岭	140525	29992	21.34	30078	405	1.35	21347	6680	31.29	89100	22907	25.71	—	—	—

全国历年主要林产工业产品产量

年别	木材（万立方米）	竹材（万根）	锯材(万立方米)	人造板（万立方米）	木竹地板（万平方米）	松香（吨）
1981	4942.31	8656	1301.06	99.61		406214
1982	5041.25	10183	1360.85	116.67		400784
1983	5232.32	9601	1394.48	138.95		246916
1984	6384.81	9117	1508.59	151.38		307993
1985	6323.44	5641	1590.76	165.93		255736
1986	6502.42	7716	1505.20	189.44		293500
1987	6407.86	11855	1471.91	247.66		395692
1988	6217.60	26211	1468.40	289.88		376482
1989	5801.80	15238	1393.30	270.56		409463
1990	5571.00	18714	1284.90	244.60		344003
1991	5807.30	29173	1141.50	296.01		343300
1992	6173.60	40430	1118.70	428.90		419503
1993	6392.20	43356	1401.30	579.79		503681
1994	6615.10	50430	1294.30	664.72		437269
1995	6766.90	44792	4183.80	1684.60		481264
1996	6710.27	42175	2442.40	1203.26	2293.70	501221
1997	6394.79	44921	2012.40	1648.48	1894.39	675758
1998	5966.20	69253	1787.60	1056.33	2643.17	416016
1999	5236.80	53921	1585.94	1503.05	3204.58	434528
2000	4723.97	56183	634.44	2001.66	3319.25	386760
2001	4552.03	58146	763.83	2111.27	4849.06	377793
2002	4436.07	66811	851.61	2930.18	4976.99	395273
2003	4758.87	96867	1126.87	4553.36	8642.46	443306
2004	5197.33	109846	1532.54	5446.49	12300.47	485863
2005	5560.31	115174	1790.29	6392.89	17322.79	606594
2006	6611.78	131176	2486.46	7428.56	23398.99	915364
2007	6976.65	139761	2829.10	8838.58	34343.25	1183556
2008	8108.34	126220	2840.95	9409.95	37689.43	1067293
2009	7068.29	135650	3229.77	11546.65	37753.20	1117030
2010	8089.62	143008	3722.63	15360.83	47917.15	1332798
2011	8145.92	153929	4460.25	20919.29	62908.25	1413041
2012	8174.87	164412	5568.19	22335.79	60430.54	1409995
2013	8438.50	187685	6297.60	25559.91	68925.68	1642308
2014	8233.30	222440	6836.98	27371.79	76022.40	1700727
2015	7218.21	235466	7430.38	28679.52	77355.85	1742521
2016	7775.87	250630	7716.14	30042.22	83798.66	1838691
2017	8398.17	272013	8602.37	29485.87	82568.31	1664982
2018	8810.86	315517	8361.83	29909.29	78897.76	1421382
2019	10045.85	314480	6745.45	30859.19	81805.01	1438582
2020	10257.01	324265	7592.57	32544.65	77256.62	1033344
2021	11589.37	325568	7951.65	33673.00	82347.27	1030087
2022	12210.26	421636	5698.75	27589.23	62332.55	672106
2023	12700.94	341798	6072.45	36612.32	77912.08	870861

注：自 2006 年起松香产量包括深加工产品。

2023年各地区林草投资完成情况

单位：万元

地　区	总　计
全国合计	36420590
北　京	1332697
天　津	50879
河　北	832558
山　西	1020400
内蒙古	1833206
辽　宁	316598
吉　林	852892
黑龙江	1755268
上　海	131393
江　苏	290511
浙　江	777770
安　徽	962825
福　建	713277
江　西	962205
山　东	559036
河　南	714590
湖　北	1168791
湖　南	1413495
广　东	1191887
广　西	6748287
海　南	196818
重　庆	744977
四　川	2519459
贵　州	2193298
云　南	1574265
西　藏	486469
陕　西	983604
甘　肃	1193028
青　海	672188
宁　夏	320912
新　疆	907040
局直属单位	999968
大兴安岭	608545

全国历年林业投资完成情况

单位：万元

年别	林业投资完成额	其中：国家投资
1981	140752	64928
1982	168725	70986
1983	164399	77364
1984	180111	85604
1985	183303	81277
1986	231994	83613
1987	247834	97348
1988	261413	91504
1989	237553	90604
1990	246131	107246
1991	272236	134816
1992	329800	138679
1993	409238	142025
1994	476997	141198
1995	563972	198678
1996	638626	200898
1997	741802	198908
1998	874648	374386
1999	1084077	594921
2000	1677712	1130715
2001	2095636	1551602
2002	3152374	2538071
2003	4072782	3137514
2004	4118669	3226063
2005	4593443	3528122
2006	4957918	3715114
2007	6457517	4486119
2008	9872422	5083432
2009	13513349	7104764
2010	15533217	7452396
2011	26326068	11065990
2012	33420880	12454012
2013	37822690	13942080
2014	43255140	16314880
2015	42901420	16298683
2016	45095738	21517308
2017	48002639	22592278
2018	48171343	24324902
2019	45255868	26523167
2020	47168172	28795976
2021	41699834	23438010
2022	36616472	23171054
2023	36420590	24079490

注：2019年起为林草投资完成额。

2014—2023年主要林草产品进出口数量

产品			单位	2014 年	2015 年	2016 年	2017 年	2018 年	2019 年	2020 年	2021 年	2022 年	2023 年
原木	针叶原木	出口	立方米	2042	0	0	0	0	0	0	0	0	0
		进口	立方米	35839252	30059122	33665605	38236224	41612911	44484085	46812777	49874124	31163746	28102745
	阔叶原木	出口	立方米	9702	12070	94565	92491	72327	50632	21764	10653	52792	5451
		进口	立方米	15355616	14509893	15059132	17162103	18072555	14745446	12895217	13700606	12438605	9925270
	合计	出口	立方米	11744	12070	94565	92491	72327	50632	21764	10653	52792	5451
		进口	立方米	51194868	44569015	48724737	55398327	59685466	59229531	59707994	63574730	43602351	38028015
锯材		出口	立方米	408970	288288	262053	285640	255670	245820	237442	287143	258914	333915
		进口	立方米	25739161	26597691	31526379	37402136	36642861	37051023	33777539	28841628	26471674	27719176
单板		出口	立方米	255744	265447	246424	335140	428288	461487	433315	574494	442908	436528
		进口	立方米	986173	998698	880574	738810	958718	1244081	1576553	3456058	2606740	2445754
特形材		出口	吨	212089	176867	162298	148973	132838	97267	78861	79329	63150	47468
		进口	吨	16072	21624	27295	18896	28971	68704	132762	219263	153937	103537
刨花板		出口	立方米	372733	254430	288177	305917	353440	336644	376527	882154	567550	603955
		进口	立方米	577962	638947	903089	1093961	1065331	1036113	1187368	1131043	1192578	1164624
纤维板		出口	立方米	3205530	3014850	2649206	2687649	2273630	2133683	2028926	3160069	2832434	3063047
		进口	立方米	238661	220524	241021	229508	307631	242180	197920	178355	117989	66653
胶合板		出口	立方米	11633086	10766786	11172980	10835369	11203381	10060581	10385333	12262732	10557211	10612336
		进口	立方米	177765	165884	196145	185483	162996	139251	224023	159200	195618	295211
木制品		出口	吨	2175183	2269553	2302459	2420625	2392503	2357129	2376167	2912951	2634442	2806136
		进口	吨	670641	760350	796138	753180	664333	637822	612100	574077	467450	558995
家具		出口	件	316268837	327246688	332626587	367209974	386935434	353208468	386551287	451471190	387992278	383366783
		进口	件	9845973	10191956	11101311	11888758	12246952	10275286	8027567	6965620	5376512	3437857
木片		出口	吨	42	85	5531	…	230	71	873	663	782	639
		进口	吨	8850785	9818990	11569916	11401753	12836122	12564718	13525672	15619705	18446927	14631175
木浆		出口	吨	18393	25441	27790	24417	24370	38975	35799	76855	173200	141814
		进口	吨	17893771	19791810	21019085	23652174	24419135	26226052	28787135	27215676	26250838	32156669
废纸浆		出口	吨						392	444	621	401	734
		进口	吨						908710	1681178	2443051	2882843	4475772
废纸		出口	吨	661	631	2142	1394	537	689	1233	1135	301	1090
		进口	吨	27518476	29283876	28498407	25717692	17025286	10362640	6892536	537542	572981	579525
纸和纸制品		出口	吨	8520484	8358720	9422457	9313991	8563363	9161090	9053446	9222190	12718904	13768082
		进口	吨	2945544	2986103	3091659	4874085	6404037	6379417	12541823	11926843	8947747	11819784

（续）

产品			单位	2014 年	2015 年	2016 年	2017 年	2018 年	2019 年	2020 年	2021 年	2022 年	2023 年
木炭		出口	吨	80373	74075	68170	76533	60647	49491	50017	58697	49236	50813
		进口	吨	219758	172780	159338	170718	298037	329338	287669	261350	471272	666682
松香		出口	吨	122469	85322	58433	…	46950	35256	22754	22566	24365	16741
		进口	吨	11343	23357	45857	…	69931	75707	95958	96503	72630	119512
水果	柑橘属	出口	吨	979882	920513	934320	775228	983551	1013842	1045332	917699	876155	1218835
		进口	吨	161833	214890	295641	466751	533265	567157	434556	453780	383065	372981
	鲜苹果	出口	吨	865070	833017	1322042	1334636	1118478	971146	1058094	1078352	823128	795982
		进口	吨	28148	87563	67109	68850	64512	125208	75748	67985	95461	82372
	鲜梨	出口	吨	297260	373125	452435	…	491087	470245	539446	510138	444010	478929
		进口	吨	7379	7930	8224	…	7433	12849	10384	9302	12161	17545
	鲜葡萄	出口	吨	125879	208015	254452	280391	277162	366496	424918	350609	377301	483373
		进口	吨	211019	215899	252396	233931	231702	252312	250499	194603	180597	166704
	鲜猕猴桃	出口	吨	2175	2007	0	4304	6498	8852	12688	11971	10708	15520
		进口	吨	62829	90178	66247	112532	113344	128742	116864	128026	117782	118336
	山竹果	出口	吨	0	0	4133	27	26	104	135	129	29	26
		进口	吨	82798	104480	125988	71141	159029	364584	294649	248845	208793	242060
	鲜榴莲	出口	吨	0	0	0	3	4	7	1	0	10	3
		进口	吨	315509	298793	292310	224382	431956	604705	575884	821589	824888	1425858
	鲜龙眼	出口	吨	1754	3915	2760	3170	3713	1628	4396	5992	3167	4893
		进口	吨	326079	354149	348455	528806	456603	406615	346805	469020	382573	344411
	鲜火龙果	出口	吨	179	146	240	1092	3990	5136	8048	10259	9031	12284
		进口	吨	603876	813480	523373	533448	510844	435716	618371	587655	567821	341562
	樱桃		吨						70	15	16	9	17
			吨						193587	210683	313661	367015	347500
	椰子		吨						655	505	519	709	766
			吨						673216	651466	892138	1095420	1220614
坚果	核桃	出口	吨	17571	13660	9151	33826	51157	125343	130329	229027	195326	317673
		进口	吨	26409	13137	12380	12334	11114	10238	7470	6511	4527	3183
	板栗	出口	吨	35594	34590	32884	…	36389	39820	38949	34825	37429	52132
		进口	吨	9874	6694	7213	…	7822	6641	3537	5995	5324	5158
	松子仁	出口	吨	11428	13444	13771	16153	12750	10434	11709	15959	11852	11790
		进口	吨	3750	4228	6638	12980	3175	539	1818	13729	23069	16072
	开心果	出口	吨	3360	2596	2082	…	4939	4878	2857	2234	3228	3362
		进口	吨	10779	11348	18331	…	54954	114107	104522	127004	44126	74002

（续）

产品			单位	2014 年	2015 年	2016 年	2017 年	2018 年	2019 年	2020 年	2021 年	2022 年	2023 年
坚果	扁桃仁		吨						994	1108	550	2848	3729
			吨						145741	128130	171646	181754	178452
	腰果		吨						254	49	201	1098	1059
			吨						91863	105430	116425	150889	158317
干果	梅干及李干	出口	吨	935	469	497	421	544	896	1661	1530	1968	1255
		进口	吨	1613	1171	3421	4362	6304	9080	11479	10420	23031	38991
	龙眼干、肉	出口	吨	216	297	291	246	410	530	889	1138	1030	755
		进口	吨	35810	16203	33729	57850	83965	114182	133163	131762	137690	86944
	柿饼	出口	吨	5492	3113	4013	2614	2434	2160	2630	3216	3368	3355
		进口	吨	0	0	0	4	2	1	0	0	0	0
	红枣	出口	吨	7822	9573	11027	9886	11172	13357	16662	20434	22194	28083
		进口	吨	1	0	4	9	3	15	517	1256	146	749
	葡萄干	出口	吨	30201	25500	28770	13792	23739	40185	31388	20232	17123	39636
		进口	吨	22592	34818	37087	33132	37717	40666	22270	25326	22681	18061
果汁	柑橘属果汁	出口	吨	5265	5076	4323	4741	4553	3761	3760	2961	3130	4777
		进口	吨	69701	64356	66268	82451	97816	104328	81865	139867	151603	167231
	苹果汁	出口	吨	458590	474959	507390	655527	558700	385966	420783	419608	399780	268836
		进口	吨	2747	4770	5600	7712	6445	8227	7913	10640	8101	15817
草产品	草种子	出口	吨					84	110	62	60	0	8
		进口	吨					56296	51276	61176	71559	51929	50487
	草饲料	出口	吨					58	79	30	56	180	188
		进口	吨					1707104	1627174	1721993	2044320	1977097	1086390

说明：

①原始数据来源：海关总署。

②表中数据体积与重量按刨花板 650 千克 / 立方米、单板 750 千克 / 立方米的标准换算。纤维板折算标准：密度 > 800 千克 / 立方米的取 950 千克 / 立方米、500 千克 / 立方米 < 密度 < 800 千克 / 立方米的取 650 千克 / 立方米、350 千克 / 立方米 < 密度 < 500 千克 / 立方米的取 425 千克 / 立方米、密度 < 350 千克 / 立方米的取 250 千克 / 立方米。

③木浆中未包括从回收纸和纸板中提取的木浆。

④纸和纸制品中未包括回收的废纸和纸板、印刷品、手稿等。

⑤ 2014—2019 年按木纤维浆（原生木浆和废纸中的木浆）比例折算，纸和纸制品出口量按纸和纸产品中木浆比例折算。出口量的折算系数：2014 年为 0.89；2015 年为 0.90；2016 年为 0.92；2017 年为 0.92；2018 年为 0.91；2019 年为 0.89；2020—2023 年为 1.0。

⑥核桃、板栗、开心果、扁桃仁和腰果的进（出）口量包括未去壳的和去壳的果仁，去壳的果仁按出仁率折算为未去壳数量。出仁率分别为：核桃 40%、板栗 80%、开心果 50%、扁桃仁 40%、腰果 30%。未去壳的松子按 50% 出仁率折算为松子仁。

⑦柑橘属水果中包括橙、葡萄柚、柚、蕉柑、其他柑橘、柠檬酸橙、其他柑橘属水果。

2014—2023年主要林草产品进出口额

单位：千美元

产品			2014 年	2015 年	2016 年	2017 年	2018 年	2019 年	2020 年	2021 年	2022 年	2023 年
林产品总计		出口	71412007	74262543	72676670	73405906	78491352	75395411	76469739	92155566	99242782	90715381
		进口	67605223	63603710	62425744	74983984	81872984	74960493	74246066	92879432	92632136	90243253
原木	针叶原木	出口	289	0	0	0	0	0	0	0	0	0
		进口	5440581	3657984	4111591	5138718	5785597	5642349	5463484	7881548	4986747	3764347
	阔叶原木	出口	7773	4140	29793	30155	23605	15330	6488	3706	20202	2285
		进口	6341506	4402247	3973686	4781965	5199242	3791450	2937144	3713560	3545662	2618804
	合计	出口	8062	4140	29793	30155	23605	15330	6488	3706	20202	2285
		进口	11782087	8060231	8085277	9920683	10984839	9433798	8400629	11595109	8532409	6383151
锯材		出口	298200	206795	194220	204445	180496	165135	149687	189154	167737	119900
		进口	8088849	7506603	8137933	10067066	10132562	8592147	7646377	7856026	7528517	6840226
单板		出口	276757	283714	280009	382999	481998	524959	537206	800977	671101	623321
		进口	183822	162113	157597	156892	192217	228444	249542	380088	407431	345905
特形材		出口	355706	293881	234461	213652	189707	143183	127286	143249	133431	97843
		进口	35357	41178	51055	36828	45769	84477	158673	258085	205151	108673
刨花板		出口	136337	114107	120502	97400	106627	94389	162550	426751	388998	270858
		进口	141666	141018	184022	241020	242553	234329	257698	323096	410021	335595
纤维板		出口	1630949	1425474	1228476	1146604	1118496	941612	829184	1201989	1209516	1191327
		进口	110055	108396	125490	135017	141499	131212	107742	132355	97580	48893
胶合板		出口	5813258	5487696	5275773	5097387	5425910	4393734	4152138	5819222	5551099	4747642
		进口	131966	121126	138484	150851	155669	125580	129439	152325	188061	206027
木制品		出口	5932432	6457198	6308242	6289577	6086516	6001919	6321856	8472553	8488601	7769138
		进口	715093	763723	771224	740539	666670	650685	898466	683928	603504	762346
家具		出口	22091885	22854641	22209363	22692178	22933444	19919617	20006378	25600027	25597128	22247570
		进口	888821	884025	961700	1183797	1256034	1064381	911527	995204	880722	718607
木片		出口	21	102	823	…	478	198	1120	623	1148	921
		进口	1545100	1693669	1912019	1897517	2263472	2400167	2264548	2763888	4026229	2944005
木浆		出口	12433	16818	17267	16600	20375	28759	24767	69874	218648	123291
		进口	12004565	12701792	12196424	15266065	19513308	16765090	15092258	18961563	21067098	22438851
废纸浆		出口						315	264	588	428	441
		进口						294978	505728	1035302	1227466	1239975
废纸		出口	265	280	495	385	203	241	513	508	147	420
		进口	5347795	5283161	4988961	5874652	4294716	1943079	1207981	132375	136268	118766
纸和纸制品		出口	15859260	17097590	16403632	16733385	17599912	20549348	20880808	24165252	31309612	28772220
		进口	4308915	4046869	3945233	4981667	6203231	5272058	7333464	8828426	6978205	6927235

（续）

产品			2014 年	2015 年	2016 年	2017 年	2018 年	2019 年	2020 年	2021 年	2022 年	2023 年
木炭		出口	89129	108964	101677	104079	80387	82425	90680	110567	79204	59636
		进口	62022	50057	46031	50264	87121	97657	69562	87064	136376	209283
松香		出口	296592	194439	104297	…	81774	49258	33008	51378	48004	26496
		进口	25367	40434	64510	…	84263	78339	96215	144968	112644	134382
水果	柑橘属	出口	1170064	1258434	1303841	1071605	1261167	1270393	1577682	1336180	1035451	1249218
		进口	229953	267179	354846	552051	633489	594780	495488	532036	456373	445543
	鲜苹果	出口	1027619	1031232	1452932	1456372	1298926	1246333	1449615	1429757	1040165	970386
		进口	46278	146957	123220	115215	117385	219040	138539	150977	215749	180991
	鲜梨	出口	350656	442537	487011	…	530066	573050	667737	605429	495274	536176
		进口	10148	12935	13300	…	12671	21186	17883	17361	26697	33535
	鲜葡萄	出口	358756	761873	663604	735140	689676	987195	1212695	757081	726727	813594
		进口	602607	586628	629772	590728	586352	643520	642852	535397	530075	484497
	鲜猕猴桃	出口	4646	4463	0	7061	9781	13306	19816	19181	16264	23184
		进口	195481	266718	145952	350104	411291	454609	450426	550482	492175	492471
	山竹果	出口	0	0	12932	28	30	92	135	125	66	531
		进口	158470	238200	343079	147070	349401	794911	677684	769446	628790	730100
	鲜榴莲	出口	0	0	0	3	6	7	1	0	50	17
		进口	592625	567943	693302	552171	1095163	1604484	2304959	4205572	4035814	6720840
	鲜龙眼	出口	3105	10187	8763	9936	8295	4745	11210	14435	7848	11188
		进口	328267	341923	270213	437722	365577	424880	491574	705629	533569	454834
	鲜火龙果	出口	329	345	538	1781	6422	9038	13161	16813	16075	20601
		进口	529932	662882	381121	389512	396649	362140	552933	526749	511549	316964
	樱桃	出口						518	126	75	40	164
		进口						1399924	1663683	1994452	2775589	2657778
	椰子	出口						614	385	440	713	543149
		进口						304877	321358	488292	602228	618962
坚果	核桃	出口	71524	60735	30301	106052	149973	341261	286002	465908	388146	530931
		进口	62120	42335	31916	33817	34107	27409	20941	15913	11620	7546
	板栗	出口	82517	77858	76939	…	78469	86659	81838	72173	81609	96514
		进口	18360	10504	15222	…	19220	13098	8433	14652	12149	12940
	松子仁	出口	234068	258135	272137	243249	184826	233554	258571	308008	297081	237383
		进口	53440	64841	88809	96659	30162	9305	26741	174190	389043	269391
	开心果	出口	13482	10306	9956	…	20762	19859	14226	13828	21721	19714
		进口	66195	75964	118898	…	352594	809186	659233	841087	296679	463147

（续）

产品			2014 年	2015 年	2016 年	2017 年	2018 年	2019 年	2020 年	2021 年	2022 年	2023 年
坚果	扁桃仁	出口						2755	2419	1575	5240	9365
		进口						525383	326099	473042	496377	423820
	腰果	出口						449	75	357	1729	1324
		进口						184526	166976	203612	263125	260404
干果	梅干及李干	出口	4235	2294	2405	2096	2416	2916	4392	3268	3675	3344
		进口	4251	3267	6282	7722	11365	15271	18879	19668	52714	84281
	龙眼干、肉	出口	1657	2392	1905	1713	2765	2804	4467	6165	5431	4428
		进口	56678	26565	60613	91308	125350	144817	181624	203721	186538	127007
	柿饼	出口	14826	8830	11904	7764	7446	6749	8197	10132	10653	9945
		进口	0	0	2	17	5	3	0	0	0	0
	红枣	出口	28535	35320	37290	33361	35872	38581	47413	66916	61161	72468
		进口	8	4	16	49	47	94	284	529	62	361
	葡萄干	出口	74344	56891	62245	29387	45737	74200	54596	41075	36432	69215
		进口	37952	50952	55113	43633	52983	58804	33480	44622	44415	33967
果汁	柑橘属果汁	出口	10880	10914	9353	10808	9974	8892	8428	6503	6647	9940
		进口	153185	124160	115084	160369	191326	184136	120909	208058	219090	295755
	苹果汁	出口	638698	561250	546813	648227	621540	425717	432605	427917	462809	443789
		进口	3209	4454	4811	6438	5354	7171	5885	10361	6583	15644
其他林产品		出口	14520780	15122709	15176770	16032477	19197274	17135300	16990012	19495808	20636770	19528090
		进口	19084585	18504906	17208212	20706541	20818572	18760520	19589355	25863783	27307448	24807970
草产品总计		出口					307	979	494	340	1573	1136876
		进口					660269	664299	719386	926918	1171963	649502
草种子		出口					248	317	168	226	2	38
		进口					126449	110162	104544	160734	169552	106917
草饲料		出口					59	662	326	114	1571	1205
		进口					533820	554137	614842	766184	1002411	542585

说明：

①原始数据来源：海关总署。

②木浆中未包括从回收纸与纸板中提取的木浆。

③纸和纸制品中未包括回收纸和纸板及印刷品等。

④ 2014—2023 年以造纸工业纸浆消耗价值中木浆价值的比例将从回收的纸与纸板中提取的纤维浆、回收纸与纸板出口额折算为木制林产品价值，各年的折算系数：2014 年为 0.89；2015 年为 0.90；2016 年为 0.92；2017 年为 0.93；2018 年为 0.92；2019 年为 0.89；2020—2023 年为 1.0。

⑤ 2014—2023 年以造纸工业纸浆消耗价值中木浆价值的比例将纸和纸制品出口额折算为木制林产品价值，各年的折算系数：2014 年为 0.89；2015 年为 0.91；2016 年为 0.93；2017 年为 0.93；2018 年为 0.92；2019 年为 0.94；2020—2023 年为 1.0。

⑥印刷品、手稿、打字稿等的进（出）口额 = 进（出）口折算量 × 纸和纸制品的平均价格。

图书在版编目(CIP)数据

2023年度中国林业和草原发展报告 / 国家林业和草原局编著 . -- 北京 : 中国林业出版社 , 2025. 1.
ISBN 978-7-5219-3117-4

Ⅰ. F326.23；F326.33

中国国家版本馆 CIP 数据核字第 20250J8V87 号

中国林业出版社·自然保护分社（国家公园分社）

策划编辑：肖　静

责任编辑：宋博洋　肖　静　许　玮

出版：中国林业出版社 (100009 北京西城区刘海胡同 7 号)
E-mail:cfphzbs@163.com 电话：83143625　83143577
发行：中国林业出版社
制作：北京美光设计制版有限公司
印刷：河北京平诚乾印刷有限公司
版次：2025 年 1 月第 1 版
印次：2025 年 1 月第 1 次
开本：889mm × 1194mm　1/16
印张：10.5
字数：210 千字
定价：128.00 元